优质畜禽产品生产技术丛书

# 优质兔肉生产技术

谷子林　陈宝江　主编

中国农业科学技术出版社

**图书在版编目（CIP）数据**

优质兔肉生产技术 / 谷子林，陈宝江主编 .—北京：中国农业科学技术出版社，2015. 1

（优质畜禽产品生产技术丛书）

ISBN 978 - 7 - 5116 - 0431 - 6

Ⅰ. ①优…　Ⅱ. ①谷…②陈…　Ⅲ. ①兔肉 - 食品加工　Ⅳ. ①TS251. 5

中国版本图书馆 CIP 数据核字（2014）第 291863 号

**责任编辑**　胡晓蕾
**责任校对**　贾晓红

**出 版 者**　中国农业科学技术出版社
北京市中关村南大街 12 号　邮编：100081
**电　　话**　(010)82109705(编辑室)　(010)82109704(发行部)
(010)82109709(读者服务部)
**传　　真**　(010)82106625
**网　　址**　http://www. castp. cn
**经 销 者**　各地新华书店
**印 刷 者**　北京富泰印刷有限责任公司
**开　　本**　850mm ×1 168mm　1/32
**印　　张**　8. 125
**字　　数**　196 千字
**版　　次**　2015 年 1 月第 1 版　2015 年 1 月第 1 次印刷
**定　　价**　28. 00 元

主　　编　谷子林　陈宝江

副 主 编　刘亚娟　赵　超　陈赛娟　季晓明
周松涛　李海利　巩耀进

编写人员　（按姓氏笔画排序）
王志恒　杨冠宇　李　冲　李增龙
吴峰洋　郭洪生　黄玉亭　曹立辉
葛　剑　董　兵　霍妍明　戴　冉

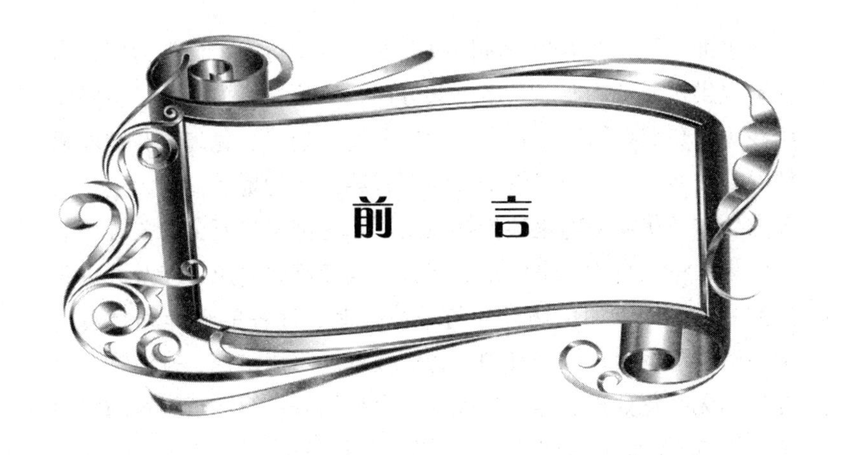

# 前　言

兔肉具有“三高三低”（高蛋白、高赖氨酸、高消化率，低脂肪、低胆固醇、低能量）的特性，被称作“健美肉”，“益智肉”、“长寿肉”，代表了当今人类对动物性食品需求的发展方向，受到广大消费者的喜爱。肉兔是节粮型动物，其以草换肉的效率高于其他动物，大力发展肉兔养殖，适合我国国情。

人类的生存离不开食品。随着科技的进步，物质文明和精神文明的不断提高，人们对食品结构、食品质量和食品卫生安全提出越来越高的要求。不幸的是，在食品生产的过程中，由于人类自身的原因而使食品和环境受到不同程度的威胁和污染。比如，各种抗生素、激素、兽药、添加剂，以及动物的排泄物和工业三废（废气、废水、废料）等对动物直接的危害，或对饲料、饮水和环境的污染，影响着人类及动植物赖以生存的环境，危及人类的健康和生命。为了人类的生存和发展，人类必须约束自己的行为，规范自己的行为。

基于对广大消费者负责，对后人负责，对环境负责的态度，受中国农业科学技术出版社的邀请，我们编写了《优质兔肉生产技术》一书，目的在于指导广大从业人员，提高安全意识和职业水准，强化饲养管理和防疫，规范养殖行为，自觉为广大消费者提供优质兔肉产品。本书共分四章，第一章为概述，主要介绍我国肉兔养殖情况、存在的问题和发展趋势、兔肉生产和消费情况，以及我国兔肉质量安全情况；第二章为优质兔肉的定义及要求，涉及优质兔肉逐项指标以及影响兔肉质量安全的关键环节及因素；第三章为本书的重点部分，肉兔健康养殖，涉及肉兔养殖的方方面面，如兔场设计与环境控制、优种的选择和繁殖技术、营养与饲料、饲养管理、育肥技术、疾病防控、排泄物及废弃物的无害化处理、养殖过程的安全控制等；第四章为兔的屠宰加工，包括屠宰场建设——屠宰前准备——屠宰——宰后检验——胴体冷却排酸——分割——包装——贮存，并按照整个屠宰加工流程的顺序介绍了兔肉质量的安全控制要点。

在编写过程中，参阅了大量国内外最新技术资料和科技成果，主要涉及技术内容来源于国家兔产业技术体系（CARS-44-B）、国家公益性行业（农业）科研专项（200903006）、河北省科技支撑计划项目（14236602D），力求本书实现科学性、先进性和实用性于一体，使之成为广大从业人员的有益参考书。由于我们的技术水平和文字水平所限，时间仓促，书中错误和不足之处在所难免，敬请读者批评指正。

编　者

2014 年冬于保定

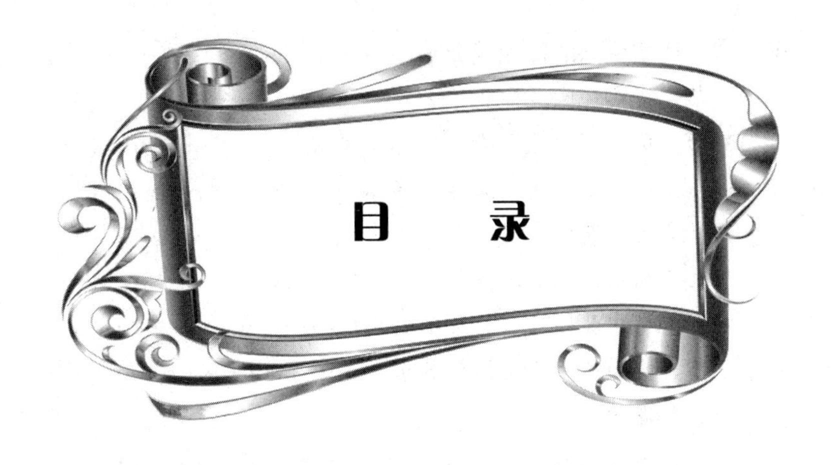
目　录

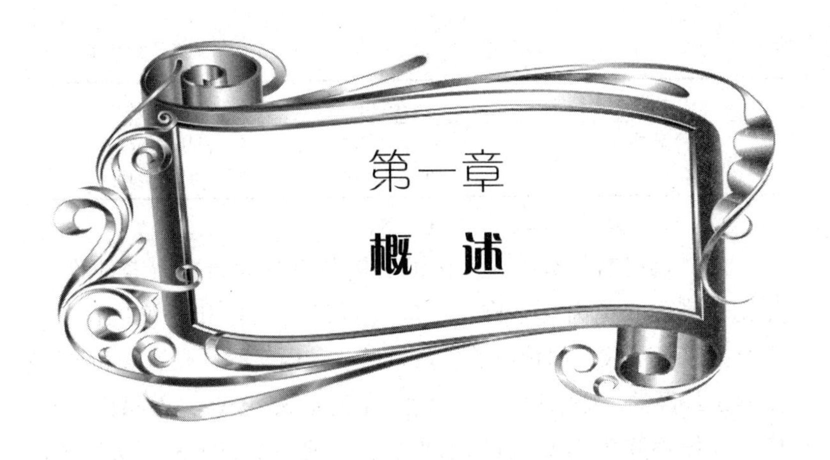


## 第一节　我国肉兔养殖概况

### 一、发展肉兔产业的意义

肉兔作为畜牧产业中的新兴力量，在我国的养殖具有起步晚，发展快，分布区域广，前景光明的特点。之所以如此评价，是由肉兔的特性和其提供的产品所决定的。

**（一）兔肉是优质的动物性食品**

（1）高蛋白　兔肉以高蛋白而著称。兔肉的蛋白质含量高于其他肉类。以干物质计算，兔肉含蛋白质高达70%，在家养的动物中是最高的（表1－1）。

**表1－1　不同肉类的水分和蛋白含量及变化范围**　（g/100g）

| 品种 | 水分 | 蛋白质 |
|---|---|---|
| 兔肉 | 66.2～75.3 | 18.1～23.7 |
| 鸡肉 | 67.0～75.3 | 17.9～22.2 |
| 小牛犊肉 | 70.1～76.9 | 20.3～20.7 |

（续表）

| 品种 | 水分 | 蛋白质 |
| --- | --- | --- |
| 公牛肉 | 66.3～71.5 | 18.1～21.3 |
| 猪肉 | 30.0～75.3 | 17.2～19.9 |

（2）高必需氨基酸　兔肉的必需氨基酸含量在家养动物中是比较高的。兔肉与猪肉、羊肉（背最长肌）和仔鸡肉比较，主要必需氨基酸，如赖氨酸、蛋氨酸、苯丙氨酸、亮氨酸和异亮氨酸是最高的，必需氨基酸总量，兔肉是35.95%，而猪肉、羊肉、肉仔鸡胸脯肉和大腿肉的含量分别为26.97%、30.25%、42.54%和30.13%，兔肉分别是它们的133.30%、118.84%、84.51%和119.32%。其中赖氨酸是它们的142.17%、121.65%、91.12%和121.86%（表1－2）。

**表1－2　兔肉、猪肉、羊肉（背最长肌）和仔鸡肉中的氨基酸含量**

（g/100g干物质）

| 氨基酸 | 兔肉[a] | 猪肉[a] | 羊肉[a] | 仔鸡肉[b] | |
| --- | --- | --- | --- | --- | --- |
| | | | | 胸脯 | 大腿 |
| 甘氨酸 | 4.18 | 3.22 | 3.26 | 3.75 | 3.44 |
| 丙氨酸 | 5.47 | 4.36 | 4.45 | 4.91 | 3.79 |
| 缬氨酸 | 4.43 | 3.61 | 3.63 | 4.58 | 3.36 |
| 天冬氨酸 | 7.95 | 6.50 | 6.80 | 7.90 | 5.96 |
| 谷氨酸 | 13.25 | 11.70 | 11.69 | 11.03 | 9.35 |
| 丝氨酸 | 3.62 | 2.57 | 2.91 | 3.06 | 2.58 |
| 苏氨酸 | 3.88 | 2.90 | 3.88 | 3.66 | 2.78 |
| 赖氨酸 | 7.08 | 4.98 | 5.82 | 7.77 | 5.81 |
| 组氨酸 | 2.05 | 3.15 | 2.47 | 4.44 | 2.47 |
| 精氨酸 | 5.25 | 4.73 | 4.74 | 4.26 | 3.76 |
| 蛋氨酸 | 2.18 | 2.13 | 2.06 | 2.08 | 1.40 |
| 苯丙氨酸 | 3.82 | 2.55 | 3.32 | 2.49 | 2.33 |
| 酪氨酸 | 3.38 | 1.90 | 2.82 | 3.52 | 1.95 |

（续表）

| 氨基酸 | 兔肉[a] | 猪肉[a] | 羊肉[a] | 仔鸡肉[b] | |
|---|---|---|---|---|---|
| | | | | 胸脯 | 大腿 |
| 脯氨酸 | 2.22 | 2.69 | 2.82 | 1.98 | 1.94 |
| 亮氨酸 | 7.14 | 6.30 | 5.71 | 6.88 | 5.12 |
| 异亮氨酸 | 4.04 | 2.22 | 3.56 | 4.23 | 5.12 |
| 总氨基酸 | 79.94 | 65.41 | 69.41 | 78.69 | 59.13 |
| 必需氨基酸 | 35.95 | 26.97 | 30.25 | 42.54 | 30.13 |

数据来源：[a] 为双金（1998）；[b] 为 Strakova E，*et al.*

（3）高多不饱和脂肪酸　多不饱和脂肪酸主要指 Omega-3 脂肪酸，人们简称 ω-3，主要包括 α-亚麻酸及其衍生而来的二十碳五烯酸（EPA）、二十二碳五烯酸（DPA）和二十二碳六烯酸（DHA）等。众所周知，不饱和脂肪酸具有多种生理功能，比如：可促进婴幼儿视网膜、大脑和神经系统的发育，降低冠心病发病率，减低心梗患者的死亡率，防止皮肤老化、延缓衰老、减肥、美容、抗过敏等，干扰白细胞介素和肿瘤坏死因子的生成，有较好的抗癌作用，降低促炎因子的生成，调节细胞因子，增强免疫调节等。因此，被称作必需脂肪酸。如同必需氨基酸那样，在体内不能合成，只能通过食物的摄入满足体内的需求。深海鱼油及其他海产品富含多不饱和脂肪酸，但由于数量少，价格高，普通消费者难以享受。而研究发现，兔肉中的多不饱和脂肪酸在家养动物中含量最高，是理想的多不饱和脂肪酸的来源（表 1－3）。

**表 1－3　兔肉与猪肉、牛肉、鸡肉中多不饱和脂肪酸含量的比较**

| 脂肪酸 | ALA（18：3n-3） | EPA（20：5n-3） | DPA（22：5n-3） | DHA（22：6n-3） |
|---|---|---|---|---|
| 猪肉 | 0.20 ±0.04 | 0.49 ±0.10 | — | — |
| 牛肉 | 2.20 ±0.10 | 2.33 ±0.23 | — | — |
| 鸡肉 | 0.65 ±0.17 | 0.90 ±0.11 | — | — |
| 兔肉 | 3.46 ±0.34 | 2.42 ±0.20 | 1.21 ±0.16 | 1.02 ±0.12 |

(4) 富含矿物质和维生素　兔肉中的矿物质和维生素含量较丰富。其中磷、钾和硒的含量是家养动物肉中最高的。维生素 $B_{12}$、叶酸、维生素 $B_2$ 也是最高的。因此，兔肉对于人体保健是有益的，尤其是儿童、妇女、老弱病人的适宜食品（表 1－4）。

**表 1－4　兔肉和其他动物肉中主要矿物质和维生素含量比较**

| 项目 | 兔肉 | 猪肉 | 牛肉 | 牛犊肉 | 鸡肉 |
|---|---|---|---|---|---|
| Ca (mg) | 2.7～9.3 | 7～8 | 10～11 | 9～14 | 11～19 |
| P (mg) | 222～234 | 158～223 | 168～175 | 170～214 | 180～200 |
| K (mg) | 428～431 | 300～370 | 330～360 | 260～360 | 260～330 |
| Na (mg) | 37～47 | 59～76 | 51～89 | 83～89 | 60～89 |
| Fe (mg) | 1.1～1.3 | 1.4～1.7 | 1.8～2.3 | 0.8～2.3 | 0.6～2.0 |
| Se (μg) | 9.3～15 | 8.7 | 17 | <10 | 14.8 |
| 硫胺素 (mg) | 0.18 | 0.38～1.12 | 0.07～0.10 | 0.06～0.15 | 0.06～0.12 |
| 核黄素 (mg) | 0.09～0.12 | 0.10～0.18 | 0.11～0.24 | 0.14～0.26 | 0.12～0.22 |
| 烟酸 (mg) | 3.0～4.0 | 4.0～4.8 | 4.2～5.3 | 5.9～6.3 | 4.7～13.0 |
| 维生素 $B_6$ (mg) | 0.43～0.59 | 0.50～0.62 | 0.37～0.55 | 0.49～0.65 | 0.23～0.51 |
| 钴胺素 (mg) | 8.7～11.9 | 1.0 | 2.5 | 1.6 | <1.0 |
| 叶酸 (μg) | 10 | 1 | 5～24 | 14～23 | 8～14 |
| 视黄醇 A (mg) | 0.16 | 0～0.11 | 0.09～0.20 | 0.12 | 0.26 |
| 维生素 D (mg) | 微量 | 0.5～0.9 | 0.5～0.8 | 1.2～1.3 | 0.2～0.6 |

(5) 高消化率　兔肉肌纤维细嫩，胶原纤维含量少，消化率高达 85%，高于其他肉类（猪肉 75%，牛肉 55%，羊肉 68%，鸡肉 50%）。

(6) 低脂肪　随着人们生活水平的提高和膳食结构的改变，肥胖、高血压、高血脂等富贵病逐渐增多。人们将其归罪于高脂肪饮食。尤其是与猪肉摄入过多有关。兔肉在目前家养动物中的脂肪含量是较低的，略高于鸡肉而远远低于猪肉、牛肉和羊肉。与这 3 种肉类比较，兔肉中的脂肪含量相当于它们的 36.51%、61.66% 和 54.28%。

（7）低胆固醇 胆固醇是心血管疾病的罪魁祸首，因此，人们在膳食结构中，尽量减少富含胆固醇的食物。在家养动物的肉中，兔肉的胆固醇含量是最低的。与猪肉、牛肉、羊肉和鸡肉比较，分别是他们的35.71%、42.45%、64.29%、50%～65.22%。同时，兔肉的磷脂含量较高，磷脂和胆固醇的比值高。食用兔肉可减少胆固醇在血管壁沉积的可能性，因此，兔肉是老人、动脉粥样硬化病人、冠心病患者理想的保健食品。

（8）低能量 由于兔肉水分含量高，脂肪含量低，因此，其能量含量是家养动物中较低的。因此，常吃兔肉不易发生肥胖（表1－5）。

**表1－5 兔肉与其他肉类脂肪、能量和消化率的比较**

| 项目 | 兔肉 | 猪肉 | 牛肉 | 羊肉 | 鸡肉 |
|---|---|---|---|---|---|
| 脂肪 （%） | 9.76 | 26.73 | 15.83 | 17.98 | 7.8 |
| 能量 （kJ/kg） | 676 | 1284 | 1255 | 1097 | 517 |
| 消化率 （%） | 85.0 | 75.0 | 55.0 | 68.0 | 50.0 |
| 胆固醇 （mg/100g） | 45 | 126 | 106 | 70 | 69～90 |

兔肉的优良特性，逐渐被国人接受，消费量不断增加。2006—2010年我国兔肉和其他肉类产量变化的统计数字可见表1－6。

**表1－6 2006—2010年全国肉类产量变化（$\times 10^5$t）**

| 类别 | 2006年 | 2007年 | 2008年 | 2009年 | 2010年 | 5年增长 |
|---|---|---|---|---|---|---|
| 猪肉 | 5197 | 4287.8 | 4620.5 | 4890.5 | 5071.2 | －2.42% |
| 牛肉 | 750 | 613.4 | 613.2 | 635.8 | 653.1 | －12.92% |
| 羊肉 | 470 | 382.6 | 380.3 | 389.4 | 398.9 | －15.13% |
| 禽肉 | 1509 | 1447.6 | 1533.6 | 1595.3 | 1656.1 | 9.75% |
| 兔肉 | 54 | 60.2 | 58.7 | 63.6 | 69.2 | 28.15% |
| 肉类总产量 | 8051 | 6865.7 | 7278.7 | 7649.9 | 7925.89 | －1.55% |

由以上可知，兔肉是优质的动物性食品，代表了当今人类对于动物性食品需求的方向。人们将兔肉形象地比喻为“保健肉”、“美容肉”和“益智肉”，常吃兔肉可以身体健壮而不肥胖，身材苗条、肌肤细嫩，有利于大脑的发育，提高智商。被西方一些国家的运动员、演员和歌唱家们所青睐。由此可见，中国俗语“飞禽莫如鸪，走兽莫如兔”有其内在的科学依据。可以预见，伴随着食品科技的发展和科学知识的普及，人们将逐渐认识兔肉，喜欢兔肉，并将成为继猪肉、鸡肉之后的又一个重要的消费热点。

**（二）肉兔是节粮型最佳畜种之一**

中国在占全球总量 10% 的耕地上，生产了占世界总量 17% 的谷物，解决了占世界 22% 以上人口的粮食问题。说明了中国人口对土地和粮食的压力。中国人均口粮消费水平基本稳定，但肉、蛋、奶、水产品的消费量将会有较大幅度增加，这些都需要粮食生产和转化，这就决定了中国未来粮食消费量的增加主要是饲料用粮的增加。因此，饲料用粮不只是中国养殖业可持续发展的问题，更是中国粮食安全的重大战略问题。中国土地总面积居于世界第 3 位，但人均土地面积仅为 0. 777$hm^2$，是世界人均土地资源量的 1/3。2013 年 12 月 30 日，国务院新闻办举行发布会公布第 2 次全国土地调查结果。数据显示，截至 2012 年年底，中国耕地总面积为 1. 351 亿 $hm^2$，人均耕地面积为 0. 0998$hm^2$（2012 年我国总人口为 135404 万人），不足世界人均耕地的 1/2。据专家预测，到 2020 年，中国因城镇化耕地还将减少 3750 万亩（1 亩约为 667$m^2$，全书同）。即使从现在开始，全国一寸耕地都不占用，到中国 16 亿人口时，全国人均耕地也只有 1. 1 亩。据中国农业科学院张子仪院士测算，到 2020 年，中国人均耕地可能降到 1 亩。从另一方面讲，我国粮食的单产和总产的潜力有限，畜牧用粮的压力会越来越大。解决这一问题，必须大力发展节粮型草食家畜。而家兔在这一方面具有明显的优势。

家兔具有发达的盲肠，是消化粗纤维的重要场所，其不仅耐受粗饲料，而且粗饲料是家兔日粮结构的必需组成部分，通常情况下，家兔日粮组成中45%左右是粗饲料，其他农副产品可占35%左右，真正用粮很少。但其饲料转化效率很高。据试验和生产统计，配套系商品肉兔，在育肥期的料重比（3.0～3.3）：1，普通优良品种育肥期的料重比（3.3～3.5）：1，而商品獭兔育肥期的料重比一般在（3.5～4.5）：1。其饲料转化为肉和皮的效率要高于其他草食家畜。因此，大力发展肉兔养殖符合中国国情，是中国畜牧业可持续发展的必然选择。

**（三）肉兔产肉效率高**

肉兔的产肉效率是非常高的。肉兔具有性成熟早（3～3.5月龄）、妊娠期短（一个月）、胎产仔数多（7～10只）、产后发情、一年四季繁殖等特点。在良好的饲养条件下，母兔年产仔8胎或以上，产仔数达60多只。欧洲一些养兔发达的国家一只母兔年提供商品肉兔50多只。而肉兔的生长速度很快，配套系商品代一般70d出栏可达2.5kg。因此，其产肉能力比目前家养的其他哺乳动物如牛、羊、猪等要高得多。

**（四）发展肉兔养殖是农民致富的重要项目**

肉兔养殖具有投资少，见效快，门槛低，技术易学，对文化程度要求不高，老幼皆宜，对场地大小要求不严等特点，对生态环境没有破坏（指舍饲，非放牧），因此，是广大农村、山区，特别是贫困地区农民脱贫致富的优选项目。20世纪80年代初期，河北省太行山区的开发，以发展肉兔起步，取得了成功。至今在那里流传着这样的歌谣：“家养三只兔，不愁油盐醋（解决零花钱），家养十只兔，不愁米和布（解决吃和穿），家养百只兔，土房变瓦屋（解决住房）”。很多养兔脱贫的农民，至今仍然坚守着这一行业，成为家庭收入的主要来源，致富的重要手段。2013 年国家兔产业技术体系派专家到四川省井研县考察农民养兔情况，那里的农民以哈哥集团为龙头发展肉兔养殖，一般家庭养殖基础母兔 100 只，年收入在 5 万 ~10 万元。农民高兴地说："何必外出去打工，养兔挣钱很轻松。养兔种地两不误，养老育子两照顾。"

从以上几点可以看出，发展肉兔养殖，可以充分利用农村丰富的人力资源、土地资源和饲草饲料资源，促进劳动力的转移，带动相关产业的发展，提高农民收入，振兴地方经济，丰富人们的菜篮子，是一举多得，利国利民的事业。发展肉兔养殖前景广阔，大有可为。

## 二、我国肉兔发展过程

据文字记载，我国养兔具有两千多年的历史，从先秦时代开始，仅供宫廷内观赏享用。新中国成立之前，农村一些地区在庭院饲养地方品种兔，主要供自己消费。新中国成立后，中国兔业有了长足发展，尤其是 1957 年开始兔肉出口，拉开了肉兔商品生产的序幕。伴随着我国经济的发展和国内外市场变化，我国肉兔养殖进入新的发展阶段。

新中国成立后，因国家建设的需要，农产品大量出口创汇，兔肉作为重要农产品出口，也为中国的现代化建设做出了不可磨灭的贡献。据统计，1957 年首次出口兔肉 221t，1970 年增至 1.9 万 t，1979 年出口高达 4.35 万 t，占世界兔肉贸易量（7 万 ~ 8 万 t）的 60%，跃居世界首位。就中国肉兔的发展而言，外贸部门做出了历史性的贡献。但是，由于其政策制定和执行中的缺陷，也给肉兔产业的发展造成巨大的影响。当国际市场需求旺盛，国内兔肉产量不能满足出口需求的时候，他们往往采取提高收购价格，刺激兔农大力发展。但是，当国际市场供大于求的时候，他们往往采取限收、停收、压价、提高收购标准等措施。这种现象的多次往复出现，极大地挫伤了农民养兔的积极性。因此，一些兔农对于过去外贸的政策形容为“刀鞭”政策，并流传“养兔靠外贸，外贸不可靠。少时用鞭赶，多时用刀砍，赔三年，赚三年，不赔不赚又三年”的顺口溜。1987 年开始，由于外贸体制改革，原来的对外出口由外贸部统一经营，改为各省独立经营，原有的产业政策、技术和资金支持、生产协调、外贸价格谈判协调机制都不复存在，这种改变也许在短期内活跃了外贸形势，部分省份的出口量有较大增长，但从长远看，也带来不利后果。一方面，各省为保出口量竞相压价，使得农户和出口企业的经济效益受到不利影响；另一方面，由于缺少了原有的全国一盘棋的各方协调机制，各省和地方各自为政，使得养兔和出口形势受到更多因素影响，对兔肉出口产生一定的影响。近几年，我国兔肉出口滑落到 1 万 t 左右，原因很多，如绿色壁垒的应用，进口国对兔肉质量的要求提高、东欧一些国家冰鲜兔肉对我国出口冻兔肉的冲击，使我国兔肉出口的优势逐渐衰减。尽管目前我国兔肉出口量仍居世界之首，但与高峰期相差甚远。截至 2011 年，我国累计出口 80.21 万 t，创汇 11.26 亿美元（表 1－7）。

**表 1－7　中国 2001—2011 年兔肉出口量**

| 年份 | 2001 | 2002 | 2003 | 2004 | 2005 | 2006 | 2007 | 2008 | 2009 | 2010 | 2011 |
|---|---|---|---|---|---|---|---|---|---|---|---|
| 出口（t） | 32998 | 9081 | 4426 | 6396 | 8925 | 10251 | 9204 | 8538 | 10375 | 10328 | 8996 |

从我国家兔养殖业的发展历程看，大体经历两个阶段。第一个阶段为起步阶段，即从新中国成立之后到 1990 年，兔的出栏

量不超过1亿只，兔肉产量10万t左右，发展比较缓慢。第二阶段为快速发展阶段，从1991年至今。兔的出栏量、存栏量以及兔肉产量均持续的增长。

2010年我国家兔存栏量为21500.7万只，比1985年增加了13227.1万只，年均增长4.2%（图1－1）。

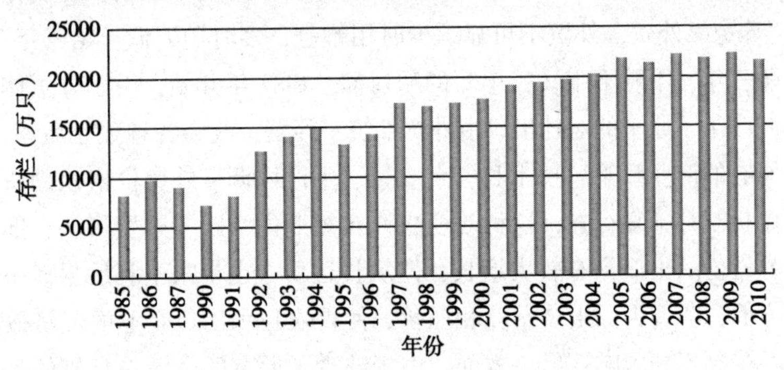


**图1－1　1985—2010年全国兔存栏情况**

1985年我国兔出栏量为5907.3万只，到2010年我国兔出栏量达到46452.5万只，是1985年的7.9倍，年均增长9.4%（图1－2）。

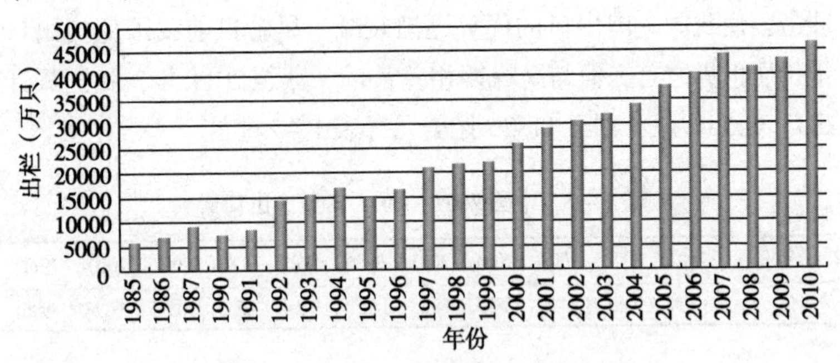


**图1－2　1985—2010年全国兔出栏情况**

1985 年我国兔肉的产量仅为 5.6 万 t，而 2010 年达到了 69 万 t，是 1985 年的 12.3 倍，年均增长 11.5%（图 1－3）。

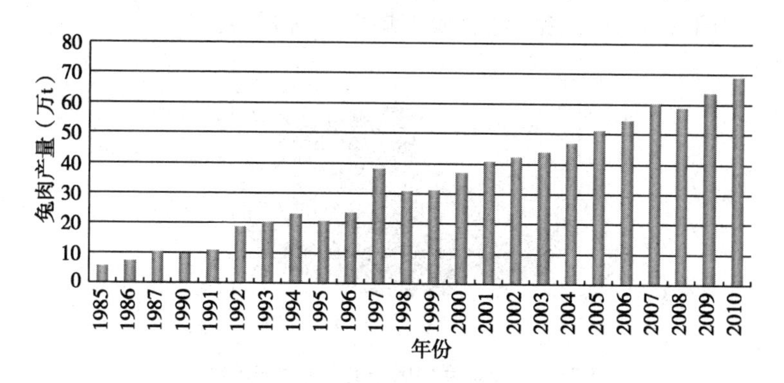


图 1－3 1985—2010 年全国兔肉产量

## 三、我国肉兔养殖区域分布和特点

### （一）区域分布

肉兔养殖在“三兔”（肉兔、毛兔、皮兔）中，起步最早，分布区域最广，饲养量最大，出栏量最多。但也呈现发展不平衡，起伏波动频繁和顺序更替现象。

我国肉兔生产主要集中在四川、山东、河南、江苏、河北、重庆和福建等省市，其他各省也有养殖，但是规模不大。2008 年我国兔肉产量达到 66 万 t，年出栏家兔 41529.9万只，存栏 21835.1万只。从兔肉产量来看，四川、山东和河南兔肉产量居全国前 3 位，三省 2008 年肉兔产量占全国产量的 55.8%；从出栏量来看，四川省年出栏 15319.7万只，位居全国第一，年出栏超过千万只的省市还有山东、江苏、河南、河北、重庆和福建。近年来，在国家西部大开发和发展草食家畜的政策扶持和引导下，肉兔优势产区持续发展，区域化生产趋势日趋明朗，川渝、华北地区和江浙地区等优势产区地位进一步发展巩固，原来相对落后地区加速发展（如广西壮族自治区、湖南和吉林等），形成了全国大力发展肉兔产业的良好局面（图1－4）。

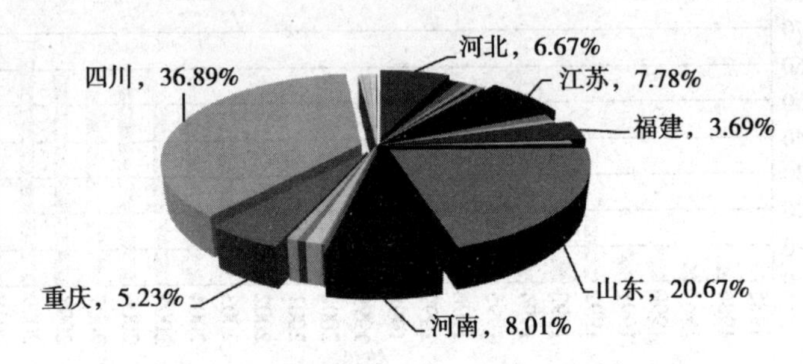


图1－4　2008年全国各省市兔出栏量比例

从不同区域来看，发展不平衡。西南地区产量最大，华北和华东持平，其他地区数量较少（表1－8）。

表1－8　2010年主产省市养兔存栏量统计表

| 总存栏量（万只） | | 主产省市存栏量（万只） | |
|---|---|---|---|
| 华北 | 4120.1 | 河北 | 1342.4 |
| | | 山西 | 322.1 |
| | | 河南 | 2455.6 |
| 华东 | 4089.4 | 江苏 | 1597.2 |
| | | 浙江 | 355.9 |
| | | 安徽 | 198.4 |
| | | 福建 | 909.2 |
| | | 山东 | 3472.1 |
| 西南 | 8698.5 | 四川 | 7398 |
| | | 重庆 | 1168.4 |

**（二）主要特点**

除了区域发展不平衡之外，南北地区和东西地区的发展特点也不一样。

（1）规模特点　我国最大的养殖区域是以四川和重庆为代表的西南地区，总体饲养量最大，但以千家万户中小规模兔场为主体。利用当地常年青绿饲料供应的特点，采取“半草半料养兔”（以草为主，颗粒饲料补充，或以料为主，补充一定的青绿饲料），不仅降低饲养成本，而且饲养效果较佳。以山东为代表的华东地区，规模化兔场为主体，全部采用商品颗粒饲料，讲究高投入，高回报。

（2）品种特点　就饲养的品种而言，大体分为3类：第一类，以山东、河南等为代表的现代肉兔养殖企业（如山东青岛康大集团、河南济源市阳光兔业科技有限公司），以饲养肉兔配套系为主，并带动其下属养殖场和周边地区；第二类，以福建为代表的南方地区，以饲养本地的黄兔、黑兔为主，尽管生长速度和饲料转化效率不高，但是当地特殊的消费习惯和市场，只认可当地地方品种，以较高的市场价格使养兔农民获得丰厚的收益；第三类，大多数其他养殖区域，以引入的国外品种为主，地方品种为辅，采取纯繁或杂交的方式进行肉兔的商品生产。

（3）技术特点　由于饲养规模和品种不同，代表的是两种不同的技术类型。凡是规模化养殖的，绝大多数为现代品种或配套系，其接受了现代养兔的理论和技术，多采取以人工授精技术为核心的“五同期”（同期配种、同期产仔、同期断奶、同期育肥、同期出栏）养殖模式，取代传统的本交繁殖模式。相反，小规模兔场多为自然发情，本交的配种方式。

（4）劳动力特点　规模化养殖，全部为雇人养殖，实行企业化运作，其对饲养人员的素质要求较高。比如青岛康大集团，在一线生产的多数为中专以上的相关专业毕业生，经过专门的技术培训之后上岗。而小规模兔场，在自家庭院养殖，以非青壮年劳动力为主，或利用剩余劳力和工余时间养兔。尽管没有什么学历和专门的培训，但由于养兔时间较长，积累了丰富的实践经验，饲养过程也有其独到之处。

## 第二节 我国肉兔产业存在的主要问题及发展趋势

### 一、我国肉兔产业存在的主要问题

#### （一）兔肉质量上乘，但国人认可度不高

我国是世界第一养兔大国和兔肉生产大国，就近年看，年产兔肉75万t，占世界总产量（230万t）的32.6%左右，以内销为主，外销量很少（1万t左右）。尽管总产量和总消费量可观，但国内年人均消费量仅530g。虽比过去有所增加，但与欧美的一些国家相比有相当大的差距。

据资料介绍，世界年人均兔肉占有量350g，欧洲的一些国家相对较高，西欧2kg，东欧1kg，北非0.5kg。据FAO 2006年报道，主要兔肉消费国人均占有情况是：马耳他8.89kg，意大利5.59kg，塞浦路斯4.37kg，西班牙3.15kg，乌克兰2.89kg，法国2.76kg，比利时2.61kg，卢森堡2.24kg，葡萄牙1.94kg。人均消费兔肉数量最多的国家是马耳他，兔肉达到8kg左右；其次为法国和意大利，人均消费兔肉4～6kg；比利时人均消费兔肉2～3kg。人均消费增长较快的国家是荷兰，自20世纪80年代以来，荷兰人均消费兔肉数量已是70年代的4倍左右。

我国兔肉消费一是人均消费量不高，仅仅高于世界的平均值，与北非基本处于同一水平上，远远低于欧洲；二是消费极不平衡。我国的兔肉消费，绝大多数集中在西南地区的四川和重庆，其次为福建和广东地区。其他省（区、市）的消费量很少。

这种消费量的巨大反差，主要是由传统消费习惯形成，也与兔肉加工技术有关。

加大兔肉的宣传，加大兔肉营养研究和加工力度，形成兔肉产品的多元化，使国人逐渐认识兔肉，接受兔肉，喜欢兔肉，不断增加兔肉消费量，是我们今后的重要任务。

**（二）养殖技术有突破，但整体水平有待提高**

经过兔业科技工作者的不懈努力，我国养兔技术取得举世瞩目的成就，比如，新品种（配套系）的培育、饲料资源开发与配方设计、营养需要和营养代谢、人工授精技术和繁殖体系、疫苗研发和疾病防控等。特别是消化吸收国外先进技术，在规模化工厂化养兔方面取得重大突破，生产效率大幅度提高，一些兔场的生产水平接近发达国家的水平。但是，整体而言，我们的饲养水平还相对落后。比如，一只母兔年提供商品兔数量，我们一般在28～32只（肉兔）和24～28只（獭兔），而欧洲发达国家年出栏商品肉兔在50只以上；饲料转化效率方面，欧洲发达国家商品肉兔育肥期料重比低于3，而我们多在3.5∶1左右；我们一个饲养员饲养基础母兔数量一般在200只左右，而发达国家在800只以上。特别是发病率和死亡率方面，我们的差距更大。如意大利仔兔断奶成活率90%～95%，育成成活率95%～98%，基本上不发生因传染病的死亡，传染性鼻炎发病率0.1%～0.3%，几乎看不见腹泻病例，种兔及育成兔脚皮炎发病率3%～8%。提高环境控制能力、设备的现代化水平，进一步提高种兔的生产效率和健康水平是我们今后努力的四大任务。

**（三）局部地区疾病控制难度大，药物使用比较混乱**

在一些技术普及率不高的兔场，特别是环境控制能力较差的兔场，疾病比较严重，尤其是腹泻病、球虫病、呼吸道疾病是困扰兔业生产的三大疾病。生产中一些兔场主要依靠药物预防和治疗疾病，由于缺乏科学用药理念和技术，盲目用药严重，表现在大量用药、联合用药。这种无章法的用药导致病原微生物耐药性的普遍产生。同时，药物在体内的残留和药物代谢物通过粪便污染环境，对兔肉消费者健康和环境造成威胁。绿色养兔是发展的方向，行业内部自律是实现绿色养兔的关键。

**（四）龙头企业数量少、实力弱，带动作用不强**

目前国内具有影响力的肉兔龙头企业较少，一些企业对于产业化的认识有偏颇，小而全现象比较严重。产业链中的各个项目都搞，但都搞的不理想，各个环节的协调性出现故障。尽管表面上形成了“公司＋农户”的运行模式，确实在市场较好的时期和平稳发展期发挥了一定作用。但是一旦遇到市场低迷期，抵御市场风险的能力不足，对于合作的农户不能起到应有的保护作用。很多龙头企业构架形成，但由于与农户的互动不良，长期不能满负荷生产，造成设备的闲置和人力物力财力的浪费。这样既影响企业产品销售，也影响企业品牌的建设。

**（五）加工是薄弱环节，成为产业发展的瓶颈**

尽管我国兔肉加工业取得重大进展，常规加工产品在很多企业生产。但是，我们国家为什么兔肉消费仍然不普及？至今没有重大突破？肉兔价格为什么起伏波动频繁？其根本原因在于加工落后，未能满足国人的消费需求。能否开发出不同区域适销对路的产品？能否提供便捷消费食品？这是兔肉消费走出传统销售区域，扩大消费人群的关键。

**（六）加强行业组织功能，促进产业发展**

养兔业是一项新兴产业，与其他畜牧产业相比处于发展的初期阶段。尽管国家成立了行业协会，并做了大量工作，但总体来说，行业管理与协调相对薄弱，引导和服务作用需要进一步加强，自律检查和监督作用也需要强化。要进一步配合畜牧行政主管部门，依据《种畜禽管理条例》，规范种兔管理，制止倒种。发挥协会的桥梁和纽带作用，协调政府与农户、部门与部门之间的关系。加强服务功能，提供信息服务和技术服务。建设信息网络平台，开展技术咨询，进行技术培训，普及科学养兔知识，推广先进技术等。

## 二、我国肉兔产业发展趋势

### （一）规模化发展

伴随着兔业科技的进步，商品经济的发展和市场的不断发育，规模化养兔成为发展的必然趋势。零星的散养小户容易受到市场价格的冲击而逐渐退出肉兔养殖领域，规模化兔场将逐渐取代小规模兔场。

### （二）标准化养殖

以往肉兔养殖的生产效率不高，主要原因在于小规模兔场的随意性和传统型。伴随着规模化养兔的发展，标准化、规范化养殖将逐渐取代传统的养殖方式。包括品种的标准化、设施的标准化、饲料和管理程序的标准化、环境控制的标准化、繁育技术的标准化和疫病控制的标准化等。

### （三）合作化生产

在市场经济的大潮中，单一养殖企业和经营企业逐渐认识到社会大生产的重要性和必然性，任何单一生产和经营企业都不可能独立于产业大家庭之外，也难以在激烈的市场竞争中立足。因此，合作成为产业发展的必然，只有兔产业链条每个环节的相关企业相互合作，把事业做大做强，才能共赢。

### （四）产业化经营

农业产业化经营，是一种以市场为导向，以加工流通企业为依托的企业经营方式和运行机制。它的形式包括贸工农一体化、产供销一条龙等。这种经营方式是以提高经济效益为核心的，它延长了农业产业的链条，增加了农产品的附加值，因此它非常有利于增加农民收入和提高农业生产效率，也有利于解决农村剩余劳动力的转移问题。国内外的一些经验表明，产业化经营是促进农业发展和农民增收的重要途径。农业产业化带来了农业生产方式的根本转变，使农业跳出了传统的初级产品生产的小圈子，走向社会化和商品化的大生产，极大地提高了农业生产的效率。

**（五）内销为主，外销为辅**

20 世纪 50 年代之后，我国的肉兔生产总体导向是外向型，确实兔肉的出口为国家建设换回了大量外汇，也刺激了国内肉兔产业的发展。但是国际市场兔肉贸易的容量是非常有限的，它与中国兔肉生产的能力不能匹配。中国超过 13 亿的人口是巨大的兔肉消费市场，其潜力是无限的。因此，中国兔肉销售采取以内销为主，外销为辅的基本格局是不会改变的。

**（六）兔肉加工潜力巨大**

我国虽是兔肉生产大国，但兔肉加工业还不发达。当前我国实施兔肉深加工工业化的生产企业只有 50 家左右，年生产兔肉制品大约 4000t，进入深加工的尚不足 1%，在畜产品加工业中是起步最晚的行业。兔肉消费市场低迷的原因在于加工业的落后，因此，兔肉加工业是肉兔产业发展的瓶颈。

目前我国上市的兔肉多为初级加工产品和传统中式制品，包括兔冻制品（带骨兔肉、分割兔肉）、熏烤制品（熏兔、烤兔）、罐藏制品（清汤兔肉罐头、辣味兔肉罐头、腊香兔肉软罐头）、干制品（兔肉松、兔肉干）、肉脯（传统蒸制型兔肉脯、传统烧烤型兔肉脯、新型兔肉糜脯、高钙型兔肉糜脯、红枣兔肉糜脯）、肉酱卤制品（酱麻辣兔、甜皮兔、五香卤兔、酱焖野兔）、腌腊制品（腊兔、红雪兔）等。西式兔肉制品包括兔肉生鲜肠、兔肉发酵肠、兔肉粉肠。除此之外，特别值得一提的是四川广汉的“缠丝兔”、河南开封的“风干兔肉”、陕西的“油皮全兔”、河北张家口怀安县的“柴沟堡熏兔”等地方传统产品，蕴藏着丰富历史文化气息的地方美食，赢得了当地人士和各地游客的青睐，并带动了当地经济及旅游事业的发展。

我国兔肉消费以家庭、餐饮为主，冻兔肉占消费中较大比例。随着人们对生活质量要求的逐渐提高，这种单一的模式和渠道必将制约兔肉产业的发展。应提倡鼓励开发分割系列产品，如即食兔肉产品、小包装兔肉休闲食品。可以尝试向西式兔肉制品方向发展，将酶工程、发酵工程、超高压技术等实用高新技术与传统工艺方法相结合，优化兔肉生产工艺，使我国兔肉工业在研究开发上尽快和国际同行接轨。中国兔肉的消费潜力巨大，因此，我们有理由相信肉兔产品的研发任务艰巨，前途光明。

**（七）绿色养殖势在必行**

随着全球动物疫情（如疯牛病、口蹄疫、禽流感、猪链球菌病等）的不断发生，导致人们对肉食品消费产生恐惧心态。我国加入世贸组织以后，进口国对兔产品的质量要求越来越高，欧盟在中国出口的兔肉中检出有残留抗生素（每千克含200mg），欧盟就拒绝进口中国兔肉。此事件表明，欲加入世界大家庭，必须与国际市场接轨。在全球绿色消费的浪潮下，发展绿色兔业势在必行。农业部已经制定无公害食品生产销售标准，并已在全国范围内推进“无公害食品行动计划”，作为从业人员要有高度的责任感，严格规范养殖行为，自觉按照规范进行养殖和加工，生产优质健康兔肉。这不仅是出口的需要，也是保障人们健康的需要。要以对自己、对他人负责的态度从事养兔业。

# 第三节　我国兔肉生产与消费概况

## 一、我国兔肉生产供应概况

我国兔肉生产近20年来发展很快，进入了兔肉生产的快速发展阶段。由1990年的不足10万t，到2010年的近70万t，其发展速度之快是世界任何国家和地区难以与之相比的。这种兔肉产量的快速增加，得益于国家的改革开放政策，得益于科技工作者的不懈努力，得益于农民的创造性劳动。

目前，我国肉兔生产基本有3种方式：传统养殖方式、现代工厂化养殖方式和中间类型养殖方式。

传统养殖方式是以庭院经济为特征的小规模散养模式。其饲养规模不大（一般基础母兔在50只以内），以地方品种或品种杂交为主，利用剩余劳力和农副产品作为主要资源，尽管生产力水平不高，但投入不大，对于偏远贫困地区的农民而言，可作为家庭经济收入的部分来源。这种生产方式提供的兔肉目前所占比例较小，不足中国兔肉产量的10%，并且会逐渐减少，因此，不是中国肉兔养殖业的主流。

现代工厂化养殖方式是以肉兔配套系为主要饲养动物，以人工授精和四同期为核心技术的养殖方式。其多为大型养殖企业，基础母兔规模一般在1000只以上，属于高投入，高产出，高标准的生产方式。这类企业尽管目前数量不占多数，其兔肉贡献量大约占国内生产总量的20%，却代表了中国兔业发展的未来，而且其数量会越来越多，产量会越来越大。这种模式是中国先进养兔生产技术的集中地、创造地和示范地，也是养兔业人才的培训基地和科技成果的产出地。

中间类型养殖方式，介于传统养殖方式和现代工厂化养殖方式的中间类型。我国大多数养兔场或养兔企业均属于这种类型。其饲养规模一般在100只以上，1000只以下，在传统养殖的基础上，吸纳了一定的现代技术。这类养殖方式的兔场分布面广，数量庞大，情况千差万别。但由于资金、场地和技术等方面的原因，其规模不大，生产力水平难以登上新的台阶。这种生产方式目前占中国肉兔养殖业的绝大多数，其兔肉贡献量占据总产量的70%以上，是目前中国兔肉的主要来源。从发展看，这种类型将长期存在，但一部分会向着规模化、集约化方向发展。也就是说，规模化和集约化养殖类型孕育于中间类型之中，是规模化集约化养殖方式的坚强后备军。

正如上面所言，尽管我国肉兔饲养量位居世界首位，年存栏2亿多只，出栏4亿多只，兔肉产量同样为全球第一，年产兔肉75万t左右，但兔肉生产的区域性特点非常明显。统计资料表明，四川省兔肉产量位居全国第一，山东其次，这两个大省属于我国兔肉生产的第一集团；而河南、江苏、河北、重庆、福建、安徽、山西等省市，位居兔肉产量的第二集团。其他省份兔肉产量比较少。

四川和重庆消费的兔肉一多半来自本地饲养，另一部分来自山东、河南、山西和河北等省的冷冻兔肉供应；福建省的兔肉供应主要来自本省饲养的地方品种，外部地区的现代家兔品种很难打入福建市场；而广东的兔肉消费小部分来自本地，多数来自河南、河北、湖南和湖北等省通过火车运输的活兔，在当地集市批发或零售。这种北兔南运，东兔西运和本地补充的基本格局维系着兔肉消费区域与肉兔养殖区域的平衡状态。

## 二、我国兔肉消费需求

### (一) 我国兔肉的现实消费

目前我国兔肉产量 75 万 t，出口约 1 万 t。也就是说，98% 以上的兔肉均为内销。从绝对数量看，我国消费兔肉还是较多的。但是人均计算才 548g，尽管高于世界人均消费水平，但与欧洲的一些国家相比相差甚远。这与我们这个兔肉生产大国很不相称。

我国兔肉消费，一方面是人均消费量不大，另一方面消费量区域间的差异很大，地区消费不平衡现象十分严重。

影响兔肉消费的原因很多，比如，传统的意识和观念、不会烹调等。但是，我们必须直言面对兔肉自身的某些缺陷：不香(不如其他肉类那样，有浓郁的香味，因此，将兔肉称作中性肉)、发柴（煮熟后的兔肉干瘦，柴瘠)。除了不懈地进行宣传以外，通过科技创新，克服兔肉的某些缺点，为大众提供物美价廉的产品和便于消费的商品形态是非常重要的。

我国的兔肉消费形式多种多样。由于兔肉非烹饪技术性较强，因此，仅有少部分居民购买新鲜兔肉回家加工成菜品消费。多数兔肉的消费是购买加工后的成品，如酥枣兔、金丝兔肉、酱兔肉、休闲兔肉食品、兔肉香肠、兔肉火腿肠、兔肉松、兔肉罐头及兔肉真空包装产品等，以及腌腊制品（香风兔、腊兔、板兔)、酱卤制品（五香兔、麻辣兔、孜然兔、风味兔、扒兔、樟茶兔、香辣兔、酱香兔、香兔排、风味兔腿、兔肉丁、香酥兔)、熏烤制品（熏香兔、烤香兔)、干制品（风味兔肉松、沙嗲兔肉干、香辣兔肉干)、香肠制品（中国兔肉香肠、兔肉枣肠、兔肉香肚)、其他制品（鲜嫩兔肉丸、休闲小包装兔肉制品）等。此外，还有相当的消费方式为在饭店消费兔肉制品，如兔肉煲汤、烧烤（烤兔头、烤全兔、烤兔腿、烤兔排、兔肉烤串）、兔肉火锅、水煮兔肉、凉拌兔肉、油炸兔肉、兔肉丸子、兔肉饺子、各种类型的兔肉炒菜。

**（二）我国兔肉的消费潜力**

我国兔肉的消费伴随着兔肉产量的增加而增加。尽管具有明显的区域性特点，但是由于通过不同渠道的宣传，一系列兔肉产品研发和面世，兔肉的消费量不断增加。可以预料，我国兔肉的消费潜力是巨大的。不仅在传统的消费区域有较快的增加，而且其消费区域将逐步扩大，成为肉类食品的消费时尚。之所以如此判断，除了兔肉本身及其具有的营养、保健功能以外，是基于以下3个实例：

1. 传统消费区域潜力有待挖掘——来自四川农大的调查

2011年，四川农业大学动物科技学院暑期“三下乡”社会实践团队，开展了为期2周多的四川肉兔消费情况调查，他们先后走访调查了四川（主要是成都周边的养兔场、餐饮企业、大型超市），并发放了“四川肉兔消费情况”问卷400多份，得出的结论令我们惊愕！

①虽然喜欢食用兔肉的人群很多，但经常食用兔肉的人并不多，大多数人都是偶尔食用兔肉。其原因为兔肉的烹饪较复杂，想要做出美味可口的兔肉对一般家庭较困难。

②大多数人对食用兔肉的好处还不十分了解，即使了解的人也只知道兔肉是美容肉，对兔肉的其他好处不是很清楚。他们认为对兔肉的宣传力度不够。他们获得兔肉具有美容作用的信息，主要来源于餐饮企业的宣传，他们认为这是餐饮企业的一个噱头，许多消费者对这个噱头大多是一笑置之，这并不是他们选择食用兔肉的主要因素。

③大多数人食用兔肉都是在餐馆中，而非在家中。这是导致

兔肉不能像猪肉一样成为一般家庭每天都能够食用的肉类，也是为什么喜欢兔肉的人很多，而经常食用兔肉的人很少的原因之一。

④在大多数受访者心中没有一个能叫得响亮的兔肉品牌，甚至许多人不知道兔肉有品牌。即使少数人知道一些品牌，仅仅是一些卖兔肉的餐饮企业。

通过以上的调查结论，使我们改变了起初的认识：四川多数人喜欢经常吃兔肉，在那里"无兔不成席"。由此可见，消费优势区域的潜力是巨大的。

2. 非优势区域兔肉消费需要培养和引导——来自书璞兔肉火锅的启示

保定市是历史名城，饮食文化源远流长。但是兔肉消费在文字上没有什么记载。10 年前，清苑县一个农民叫胡书璞，发明了一种兔肉火锅，在一个偏僻的农村老家支起锅灶，从事兔肉火锅的生意。开始仅仅是本村农民作为改善生活的一种消费，由于价格不高，味道鲜美，食客不断增加，小饭店买卖兴隆，客人络绎不绝。三间小屋不能满足需求，经营 5 年后盖起了三层楼房。据他讲，每天来吃兔肉火锅的不下 100 来人，大多是回头客。有的北京客人慕名他的兔肉火锅，专程前来品尝。为了满足广大消费者的需求，他一方面自己扩大经营门店，在县城又增加一处经营，另一方面，开展技术培训，联络加盟店。目前，他的加盟店在全国有 100 多家，对于兔肉的消费和宣传，起到积极作用。

3. 龙头企业产品开发和营销战略——来自青岛康大集团兔肉卷市场测试销售结论

青岛康大集团致力于肉兔养殖和兔肉产品的开发，他们开发了系列兔肉产品，在全国同类企业具有较高的影响力。其中兔肉卷产品通过对四川成都市、重庆市、河北保定市、北京地区和厦门市等地进行的市场测试销售，并根据测试销售相关数据及市场回馈的信息，得出如下结论。

①产品消费形态较强，具有较强的终端可转换能力，配合更丰富的产品形态，是打破前期市场投入与产出矛盾和提升销量的关键。

②产品的成活与发育，关键在于执行力与深度精耕的耐心与技巧。

③每一个终端网点都是一个教育阵地，都要从教育到适用再到提高，适用后的终端兔肉的消费将与牛肉、羊肉、猪肉等一样受到消费者青睐。

④产品的结合性是关键，是适合产品形态转换的前提条件。

⑤产品的本色与口味、原料供应能力和品质特点是兔肉产品推广的天然性差异化壁垒。

⑥兔肉产品卖点的提炼，将决定企业切入市场的深度和广度。

从肉类市场发展态势来看，低温冷鲜兔肉市场容量预计未来会提高，适合规模化生产、适合品牌化运作，操作难度较小，匹配康大的竞争优势，利润率也不低，应该是目前适合康大的战略性产品。调理兔肉制品适合规模化生产、适合品牌化运作，操作难度也不大，利润率很高，更重要的是它方便消费者烹调，在很大程度上消除了购买障碍，应该是重点培育的产品类型。兔肉辊（板）因其容易在终端实现产品转化（如兔肉卷、兔肉片、兔肉丁、兔肉丝、兔肉串），终端产品形式多样化以后，会解除对消费环境有较高不利因素，若保持前端稳定，末端变异的形式进行品牌化运作，可以进行战略性主推产品的培育尝试。低温冷鲜兔肉在销售时可以与低温冷鲜鸡肉配合进行，同时要注重产品形式的多样化，如整兔、分块兔肉、片状兔肉、五分体等。调理兔肉制品在产品形态上应尽量选择国内消费者普遍接受的形态，如串状、丸状等产品。口味开发上也应注意适应消费者的需求。

兔肉推广方式：经销商地区代理和商超。

兔肉销售渠道及终端：经销商（代理商）+办事处+终端销售。

在渠道模式选择上，应该采取“代理商+办事处”模式。代理商可以利用其在当地的仓储、配送资源帮助企业降低成本、维持产品品质，不依靠代理体系是不现实的。同时，也必须设立区域办事处，用来进行区域营销管理，如客情维护、终端陈列维护、终端促销推进等。“代理商+办事处”模式能够降低企业渠道开发和维护成本，同时增强企业对渠道的掌控能力。

兔肉卖点：无药养殖，健康营养。

市场推广介入：火锅类产品。

维持销量：超市类冷鲜品、调理品，打造品牌。

总之，兔肉的消费渠道与终端和牛羊猪肉等畜禽肉产品相通。去掉土腥味以后，兔肉消费能力更强了，兔肉消费人群老少皆宜，口感鲜嫩细腻，入口即化，同时，兔肉体现了营养概念深受广大消费者喜爱。兔肉产品必将成为肉类产业消费的新的立足点，有着广阔的市场前景。

## 第四节　我国兔肉质量安全概况

### 一、我国兔肉质量安全现状

兔肉质量安全问题，从饲养环节来说，主要表现在农药残留、兽药残留、重金属残留、激素残留、有毒有害物质（如霉菌毒素）的污染和使用后的积累等。我国农业部颁布了无公害饲料标准（2001）、肉兔饲养允许使用的抗菌药、抗寄生虫药及使用规定，以及无公害食品——兔肉（2002），为肉兔的科学饲养和兔肉的安全生产制定了生产规范以及产品质量标准。从总体来看，我国的兔肉质量安全状况是良好的。

从全局来看，饲料和饮水中的农药残留以及重金属超标、饲料霉菌污染、动物疾病潜伏期屠宰、屠宰加工和运输过程中的微生物污染，以及个别兔场预防用药和药物治疗疾病过程中使用违禁药物、违禁添加剂的在所难免。我国兔肉出口欧盟曾经因为氯霉素残留而遭受退货或销毁，这说明在局部还存在一些疏漏。尽管不是普遍现象，也应该引起我们的高度重视。

## 二、我国兔肉生产过程质量控制现状

20 世纪 50 年代初以来，中央和地方各级政府及畜牧兽医行政管理部门，先后颁布了一系列畜牧兽医和饲料方面的法律法规。如 1978 年农林部发布《供应港澳动物口岸检疫暂行规定》，1980 年国务院批转《兽医管理暂行条例》，经过多年实践修订，国务院于 1987 年正式颁发《兽医管理条例实施细则》；1985 年国务院发布了《家畜家禽防疫条例》；同年，经全国人民代表大会常务委员会通过，颁布了《中华人民共和国进出境动植检疫法》；1994 年，国务院发布《种畜禽管理条例》，并授权农业部制定了《种畜禽管理条例实施细则》；1997 年经全国人民代表大会常务委员会通过，颁布了《中华人民共和国动物防疫法》；1999 年，国务院发布《饲料和饲料添加剂管理条例》。这些法律法规的颁布和实施，标志着畜牧行业管理工作逐步走上法制管理的轨道。

20 世纪 80 年代以来，中国加强了畜牧业标准的制定与实施工作。2002 年，农业部推行了“无公害食品行动计划”，通过健全体系、完善制度等措施，对食品安全实施全过程监管，力争用 5

年左右时间基本实现动物性食品的无公害生产，解决“餐桌污染”，保障消费安全，使质量安全指标达到发达国家的中等水平。20世纪90年代以后，中国启动了绿色食品计划，已制定了绿色动物性食品的认证标准以及有关畜禽食品的食品标准，从饲养环境、生产过程、投入品、屠宰加工、包装、贮藏、运输等环节对动物性食品实现全程控制。2009年2月28日第十一届全国人民代表大会常务委员会第七次会议审议通过了《中华人民共和国食品安全法》，并于同年6月1日开始施行。《中华人民共和国食品安全法》重新梳理并设计了我国新的食品安全监管体制，在中央层面，国务院设立了食品安全委员会，在地方层面，县级以上人民政府统一负责，并组织领导、协调本行政区域的食品安全监管工作。在部门职权划分上，国务院卫生行政部门承担食品安全综合协调职责，并且还负责食品安全风险评估、食品安全标准制定、食品安全信息发布、食品检验机构的资质认定和检验规范的制定，组织查处重大食品安全事故。国家质量技术监督、工商行政管理和食品药品监督管理部门依照该法和国务院的规定，分别对食品生产、食品流通、餐饮服务活动实施监督管理。

## 三、我国兔肉生产质量安全认证体系现状

当前农产品质量安全已经成为我国政府和百姓关注的焦点。我国已经基本建立了与国际接轨并适合国情的从农田到餐桌全过程管理认证体系，逐步形成了由认证管理机构、认证从业机构和认证对象三个层级组成的体系框架。按照认证对象不同，中国农产品质量安全认证分为产品质量认证和质量管理体系认证等。

农产品质量认证。我国要求所有的食品生产企业必须经过强制性的检验认证——QS质量安全认证。经过强制性检验合格且最小销售单元的食品包装上标注食品生产许可证号，加印食品质

量安全市场准入标准（QS 标志）后方可出厂销售。国家质量监督检验检疫总局，地方各级质量技术监督部门等单位负责 QS 质量安全认证的相关程序。

“三品一标”认证为自愿性，是我国现阶段安全优质农产品发展的基本类型，是政府主导的安全优质农产品公共品牌。我国基本形成了“以无公害产品为基础，以绿色食品为主导，以有机食品为补充”的“三位一体、整体推进”的发展格局。

我国先后推行了一系列的农产品生产管理和控制体系以及相应的体系认证。其中在生产环节主要推广 GAP（Good Agriculture Practice，即良好农业规范）管理体系，在加工环节执行 GMP（Good Manufacturing Practice，即良好的生产质量管理规范）的食品安全和质量认证体系，严格执行卫生标准的 HACCP（Hazard Analysis and Critical Control Point，即危害分析的关键控制点）体系等。

目前我国的绝大多数小型养兔场尚未推行相关的认证体系。一些大型养兔场、规范的合作社已经或开始推行。所有的出口兔肉生产企业均推行 HACCP 体系。下面以山东省出口欧盟兔肉生产企业为例，说明该体系实施过程的大体流程。

1. 建立 HACCP 计划的前提工作

（1）建立 HACCP 小组　其职责有：制定 HACCP 计划，制订良好操作规范（GMP），制订卫生标准操作程序（SSOP），验证和实施 HACCP 体系，对人员进行培训等。

（2）养殖过程流程图绘制　流程图应该覆盖养殖过程的所有步骤和环节，具体涉及饲料、饲料添加剂、饮水、用药、饲养管理及环境控制等诸多方面。

2. 危害分析

（1）物理危害　养兔场可能的物理危害主要是饲料质量、

饲养管理设施设备的使用不当或操作不当造成的危害。主要包括：饲料、饮水里掺有石块、玻璃碎片等硬质杂物，饲养工具和兽医器械管理使用不当，笼子不平、划破兔爪，粗暴管理造成兔只皮肤、肌肉出血或淤血，免疫接种不当造成断针或针头药物遗失等。

（2）化学危害　化学危害主要包括：一是违规使用兽药和消毒药引起的危害，如使用我国或欧盟严令禁止使用的兽药消毒药、不严格执行停药期、兽药贮存不当变质、使用过期兽药消毒药、兽药消毒药使用不当等；二是违规使用或不正确使用饲料和饲料添加剂引起的危害，如使用我国或欧盟禁止使用的饲料添加剂和原料、饲料添加剂或原料中含有我国或欧盟禁止使用的化学药品、药品添加剂使用不当或不严格执行停药期等；三是疫苗使用不当而造成的危害，如疫苗保存不当导致变质、使用过期疫苗、免疫接种剂量方式和时间不当等；四是由于饲料管理不善导致的化学危害，如饲料变质被霉菌毒素污染、饲料被重金属污染等。

（3）生物危害　主要包括由致病性微生物、疫病和有害生物等造成的危害。致病性微生物污染主要是饮水、饲料被微生物污染或免疫接种过程中由于消毒不当导致的微生物污染；疫病主要是传染病和寄生虫病，主要包括农业部第1125号公告《一、二、三类动物疫病病种名录》，世界动物卫生组织OIE公布的必须通报的动物疫病名单，兔病主要是兔病毒性出血病、兔黏液瘤病、野兔热、兔球虫病。有害生物危害主要是鼠、蝇、蚊等引起的安全危害。

3. 关键控制点的确定及预防措施

根据肉兔养殖生产工艺流程，依据HACCP基本原理和危害分析结果，应用关键控制点分析树，确定肉兔养殖过程中潜在的显著危害主要来自化学和生物两个方面，五个关键控制点：饲料、兽药和疫苗、水质、饲养管理和出栏检疫。

（1）饲料　在肉兔养殖过程中，严格对饲料中的有毒有害物质和微生物进行控制。购买饲料预混料要让供应商提供产品批准文号、饲料添加剂许可证、出厂检验合格证或检验报告单、不含违禁药物承诺书。对饲料原料来源地进行农药残留（六六六、DDT）和重金属（镉、汞、铅、砷）的监控，对预混料进行违禁药物（欧盟重点关注氯霉素和硝基呋喃类）和重金属（镉）的监控，对成品料进行有毒有害物质的监控。拒收含有违禁药物或重金属含量超标的饲料原料和预混料。饲料贮藏要干燥、通风良好，防止霉变，要有防鼠防虫设施。

（2）兽药和疫苗　兔病防治要遵循“以防为主，治疗为辅”的原则。购买兽药和疫苗应让生产商提供产品批准文号、检验报告单和不含违禁药物承诺书。对兽药批批进行违禁药物（氯霉素和硝基呋喃类）的抽检监测。严格专职兽医处方用药制度，合理使用兽药，严格执行停药期。制定科学的防疫制度，最大限度地减少使用化学药品和抗生素。建立详细的疫病防疫防治记录和疫病监测记录。严禁使用我国和欧盟禁止使用的药物。严禁肉兔出栏前14d使用任何药物。

（3）水质　水质安全是保证兔肉产品质量安全卫生的重要因素之一。工业“三废”的不合理排放和农药的滥用，都会引起水体、土壤及动植物的污染。欧盟水质标准要求98/83/EC规定了53个项目的标准要求，而我国饮用水质标准GB 5749—2006只关注40个左右的项次。因此水质标准是否符合输欧兔肉生产质量也是一个重要的因素。

（4）饲养管理　肉兔饲养过程的每个环节都可能会造成显著的危害，因此必须实行严格的封闭管理，以预防各种危害因管理不善而带入养殖过程中。保证饲养场的运行符合良好农业规范的要求；专职兽医都要经检验检疫考核合格后方可上岗；饲养人员每年均应经体检合格后方可上岗；出入场区要严格消毒；发现疑似病毒，立即隔离观察；无治疗价值的病死兔，严格按照国家无害化处理标准进行处理；建立真实有效的饲养管理记录。

（5）出栏检疫　由畜牧兽医卫生检疫部门出具检疫合格证和运输车辆消毒证；养兔场提供兔只健康合格证。

4. 建立 HACCP 计划

根据肉兔生产 HACCP 计划 7 项基本原理，依据危害分析结果，确定关键控制点和预防控制措施，制订关键限值等，制定了备案养兔场生产过程 HACCP 计划（表 1－9）。

**表 1－9　肉兔养殖过程中 HACCP 计划的建立**

| 过程 | 潜在危害 | 是否是显著危害 | 预防控制措施 | 是否为关键控制点 |
| --- | --- | --- | --- | --- |
| 饮水 | 生物危害：病原体；化学危害：药物残留 | 是 | 水质符合欧盟 98/83/EC 要求；定期检测水源，制订饮水消毒制度 | 是 |
| 饲料 | 病原体、药物残留 | 是 | 要求供应商提供产品批准文号、饲料添加剂许可证、出厂检验合格证或检验报告单、不含违禁药物承诺书。对饲料进行违禁药物和重金属的监控 | 是 |
| 兽药和疫苗 | 病原体危害和药物残留 | 是 | 要求生产厂商提供产品批准文号、检验报告单和不含违禁药物承诺书，并进行抽验 | 是 |
| 饲养管理 | 微生物等危害 | 是 | 保证饲养场的运行符合良好农业规范的要求；专职兽医都要经检验检疫考核合格后方可上岗；饲养人员每年均应经体检合格后方可上岗，出入场区要严格消毒；发现疑似病毒感染，立即隔离观察 | 是 |
| 出栏检疫 | 病原体和疫病 | 是 | 检疫不合格 | 是 |

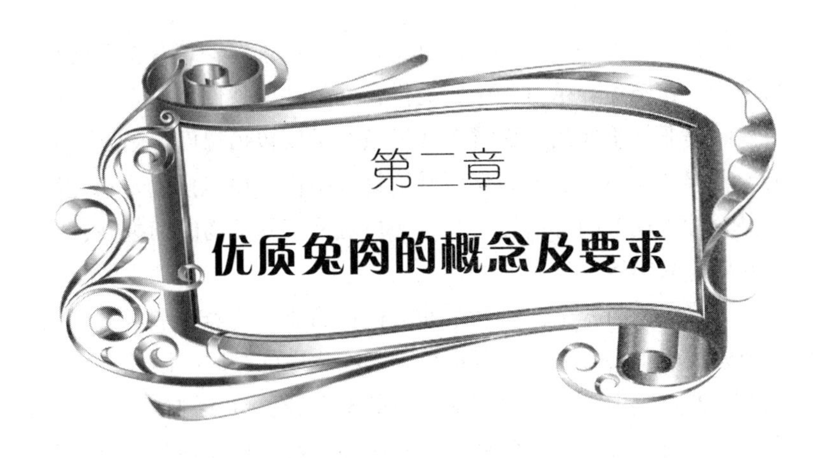


## 第一节　优质兔肉的概念

随着我国经济的快速发展，人民生活水平的不断提高，消费者在满足对动物性食品数量的需求之后，逐渐对质量提出越来越高的要求。兔肉是我国大宗出口商品，也是国内局部地区高消费群体主要动物性食品，无论是出口到发达地区（尤其是欧盟、日本和美国等经济发达国家和地区），还是国内市场消费，对兔肉质量要求较以往发生巨大的变化。因此，养兔业和其他行业一样，面临着巨大的挑战。如何应对新的形势，主动适应市场，生产优质兔肉，保证中国兔业的健康有序发展，是从事肉兔养殖和研究的行业人士应该认真思考和面对的严肃问题。

什么是优质兔肉呢？从现有的资料中，难有确切的定义。但是从肉兔生长发育过程中的饲养条件、兔肉自身自然属性和消费者需求等几个方面考虑，除了兔肉本身所具备的营养指标、保健功能以外，优质兔肉应该具备以下几个条件或兔肉生产应该具备以下几点。

首先，饲养环境要好。没有良好的环境条件，难有安全的动物生产。在肉兔养殖过程中，提供良好的环境条件，对于生产优质兔肉是非常重要的。而这个环境条件不仅包括温度、湿度、通风、光照、噪声、灰尘和病原微生物等指标，还包括兔笼和笼具的科学性、兔舍的舒适性、饲养人员对待饲养动物的和善性，没有受到应激影响。

第二，饲料安全，营养全面。饲料品质和营养水平对于家兔的健康产生重要影响，同时也极大影响兔肉的品质。因此，优质兔肉生产过程中，首先要保证饲料的安全性，包括饲料原料质量良好、配方组成合理，各种营养素达到肉兔生长发育等需要。在肉兔养殖实践中，不安全因素主要来自饲料霉变。因此，保证家兔饲料的安全性，关键环节是控制饲料原料中的霉菌孢子和霉菌毒素不超标。

第三，未使用违禁药物。国家对饲养动物的药物使用非常重视，列出了违禁药物名录。任何药物的使用，都将在体内残留，对动物食品消费者的身体健康产生影响。而且药物的毒副作用、对环境的污染、耐药性的产生等会产生的持续作用，更应该引起我们的重视。

第四，没有发生疾病。只有健康的动物，才能生产出合格的产品。任何疾病，都将对机体产生不利影响，或组织器官受到损伤，或产生有毒有害物质。而为了控制疾病，往往借助药物，其后果将不言而喻。

第五，屠宰过程中未受到应激，在“安乐”中结束生命。如果在宰杀过程中动物受到强烈刺激，机体会分泌一些激素，主要为肾上腺素、胰高血糖素、糖皮质激素、血管紧张素以及抗利尿激素等。这些激素的主要作用在于收缩血管，兴奋心肌，保持体内水分，提高代谢效率。一旦屠宰动物体内应激激素分泌增加，宰杀后肌肉的无氧酵解速率会大大加快，pH 值迅速下降，肉质快速酸化形成所谓 PSE 肉（苍白、柔软、渗出），PSE 肉色泽苍白，保水性差，滴水多，松软易碎且嫩度降低，故影响口感。因此，肉兔出栏屠宰前，不应有强的刺激，采取“人性化”屠宰方式，让其在“安乐”中结束生命。

第六，屠宰前后没有被人为注入水分和其他物质。肉兔屠宰在国家注册的正规屠宰厂屠宰，屠宰之前和屠宰过程中不能有任何非规范行为，特别是为了增加屠宰率而注水或其他物质现象。

第七，屠宰过程没有受到环境污染。肉兔从进厂屠宰到宰后处理要达到相关规定的要求，包括《屠宰动物进场查验制度》《待宰动物巡查制度》《屠宰动物同步检疫制度》《病害动物、动物产品无害化处理制度》《屠宰动物标识回收销毁制度》《屠宰场化验室检验制度》《屠宰场防疫消毒制度》《屠宰场检疫证章管理制度》和《屠宰场驻场检疫人员工作制度》等。

第八，屠宰之后的储藏和运输符合国家规定的相关条件。屠宰之后的处理要符合国家的相关规定，防止因为储运不当而影响兔肉品质。

## 第二节　兔肉安全卫生限量指标及要求

### 一、兔肉中重金属污染限量指标

国家标准《食品中污染物限量》（GB 2762—2005）规定了畜禽肉类中重金属铅、镉、砷、汞、铬的限量指标。标准规定畜禽肉类中的铅含量不能超过 0.2mg/kg，镉含量不能超过 0.1mg/kg，砷含量不能超过 0.05mg/kg，汞含量不能超过 0.05mg/kg，铬含量不能超过 1.0mg/kg。

## 二、兔肉中药物残留限量指标

《无公害肉兔第3部分：兔肉质量标准》（DB33/T 426.3—2003）规定了无公害兔肉中药物残留的限量指标。标准规定无公害兔肉中"六六六"的残留量不能超过0.2mg/kg，滴滴涕的残留量不能超过0.2mg/kg，敌百虫的残留量不能超过0.1mg/kg，金霉素的残留量不能超过0.1mg/kg；土霉素的残留量不能超过0.1mg/kg，四环素的残留量不能超过0.1mg/kg，磺胺类（以磺胺类总量计）的残留量不能超过0.1mg/kg，氯羟吡啶的残留量不能超过0.1mg/kg；而无公害兔肉中不得检出氯霉素、呋喃唑酮和已烯雌酚等药物残留。

## 三、兔肉中微生物限量指标

《无公害肉兔第3部分：兔肉质量标准》（DB33/T 426.3—2003）规定了无公害兔肉中微生物的限量指标。标准规定无公害鲜兔肉中菌落总数不能超过$1\times10^6$cfu/g，大肠菌群不能超过$5\times10^4$MPN/100g；而无公害冻兔肉中菌落总数不能超过$5\times10^5$cfu/g，大肠菌群不能超过$1\times10^3$MPN/100g；无公害鲜兔肉和无公害冻兔肉中均不得检出沙门氏菌、志贺氏菌、金黄色葡萄球菌和溶血性链球菌。

## 四、兔肉中其他有害物质限量指标

国家标准《食品中污染物限量》（GB 2762—2005）规定畜禽肉类中亚硝酸盐的含量不能超过3mg/kg，硒含量不能超过0.5mg/kg，氟含量不能超过2.0mg/kg。《无公害肉兔第3部分：兔肉质量标准》（DB33/T 426.3—2003）规定无公害兔肉中挥发性盐基氮的含量不能超过15mg/100g。

# 第三节　优质兔肉质量指标要求

## 一、兔肉的分类

### （一）按不同保存温度分

有鲜兔肉、冷鲜兔肉和冻兔肉。

鲜兔肉即家兔屠宰、整形或分割后不经任何处理加工的胴体，这种兔肉温度较高，正适合微生物生长繁殖和肉中酶的活性，易变质不易保存，需短期内尽快食用。

冷鲜兔肉即通过各种类型的冷却设备，使兔肉的温度迅速下降至0℃左右，降低微生物的生长繁殖能力，减弱酶的活性，延缓兔肉的成熟时间，并减少兔肉的水分流失，延长兔肉的保存时间。冷鲜兔肉营养价值高、口感嫩滑、味道鲜美且保存时间长，是兔肉保存的发展趋势。

冻兔肉即家兔屠宰、整形或分割后经冷却处理，再转入－25℃以下的速冻间进行冻结，当兔肉温度达到－15℃时转入冻藏间进行冷藏的兔肉。冻兔肉在温度－21～－18℃，湿度90%～95%的冻藏间可贮藏4～6个月。

### （二）按不同加工方式分

有冷冻兔肉制品、腌腊兔肉制品、熏烤兔肉制品、酱卤兔肉制品、罐装兔肉制品、兔肉肠类制品、兔肉干（兔肉干、兔肉松和兔肉脯）和西式兔肉制品。

## 二、优质兔肉的感官指标

优质兔肉的感官指标见表2－1。

表 2-1　鲜冻兔肉感官指标

| 项目 | 指标 | |
| --- | --- | --- |
| | 鲜兔肉 | 冻兔肉 |
| 色泽 | 肌肉有光泽，红色均匀，脂肪白色或微黄色 | 肌肉有光泽，红色或稍暗，脂肪白色或微黄色 |
| 组织状态 | 纤维清晰，有坚韧性 | 肉质紧密、坚实 |
| 黏度 | 外表微干或湿润，不粘手，切面湿润 | 外表微干或有风干膜或外表湿润不粘手 |
| 弹性 | 指压后凹陷立即恢复 | 解冻后指压后凹陷能逐渐恢复 |
| 气味 | 具有兔肉固有的气味，无臭味，无异味 | 解冻后具有兔肉固有的气味，无臭味 |
| 煮沸后肉汤 | 澄清透明，脂肪团聚于表面，具有兔肉的固有香味 | |
| 肉眼可见异物 | 不得检出 | |

## 三、优质兔肉的营养价值

兔肉是比较好的高蛋白食品，蛋白含量可达 24.25%，兔肉中还含有 8 种必需氨基酸，包括赖氨酸、色氨酸、苯丙氨酸、蛋氨酸、苏氨酸、异亮氨酸、亮氨酸和缬氨酸，在这些必需氨基酸中，赖氨酸和色氨酸的含量尤其高，分别为 1684mg/100g 和 300mg/100g；兔肉的肌间脂肪比其他肉类少得多，仅有 1.9%，因而兔肉的能量低，为 0.678MJ/100g；兔肉的胆固醇含量也是很低的，为 65mg/100g，不仅比一般肉类低，而且比鱼类还低；兔肉肌纤维细嫩，容易被人体消化吸收，人对兔肉的消化率高达 85%；兔肉中的一些矿物质，如钾、钙、磷、锰等的含量比其他畜禽肉丰富，兔肉中钾的含量高达 284mg/100g，钙的含量可达 12mg/100g，磷的含量大约为 165mg/100g，锰的含量为 0.04mg/100g；兔肉中富含维生素 A、维生素 $B_1$、维生素 $B_2$、维生素 $B_3$ 和维生素 E 等多种维生素，其中维生素 A 含量高达 212mg/100g，远远高于其他畜禽肉类产品。

## 第四节　危害兔肉质量安全的关键环节及影响因子

HACCP 即危害分析与关键控制点，是一套保证食品安全的预防性管理系统，它运用食品工艺学、微生物学、化学、物理学、质量控制和危险性评估等方面的原理和方法，对整个食品链——即食品原料的种植或饲养、收获、加工、流通和消费过程中存在和潜在的危害进行危险性评估，从而找出与最终产品安全性有关的关键控制环节，并采取相应的控制措施，使产品的危险性减少到最低限度。其宗旨是将这些可能发生的食品危害消除在生产过程中，而不是靠最终检验来保证产品的可靠性。HACCP 体系具备严格的档案制度，一旦食品出现安全问题，容易查出原因，纠正错误，是受国际认可的用来控制由食品引起疾病的最经济有效的方法。

兔肉生产的危害主要分为三大类，即微生物危害、化学危害和物理危害。

关键控制点（CCP）是指使造成产品的危害可以被防止、排除或减少到可接受水平的一个点、步骤和过程（图 2－1）。关键限值（CL，critical limit）是确保食品安全的界限，每个 CCP 必须有一个或多个 CL 值，包括确定 CCP 的关键限值、制订与 CCP 有关的预防性措施必须达到的标准、建立操作限值（OL，operational limit）等内容。限值可以作为每个 CCP 的安全界限。

生产优质兔肉的基本工艺流程是：种兔饲养—幼兔饲养—育肥兔饲养—出栏检疫—活兔进场—宰前检验—电击—放血、沥血—淋浴、剥皮—截肢、割尾—剖腹去内脏—同步检验—冲洗—

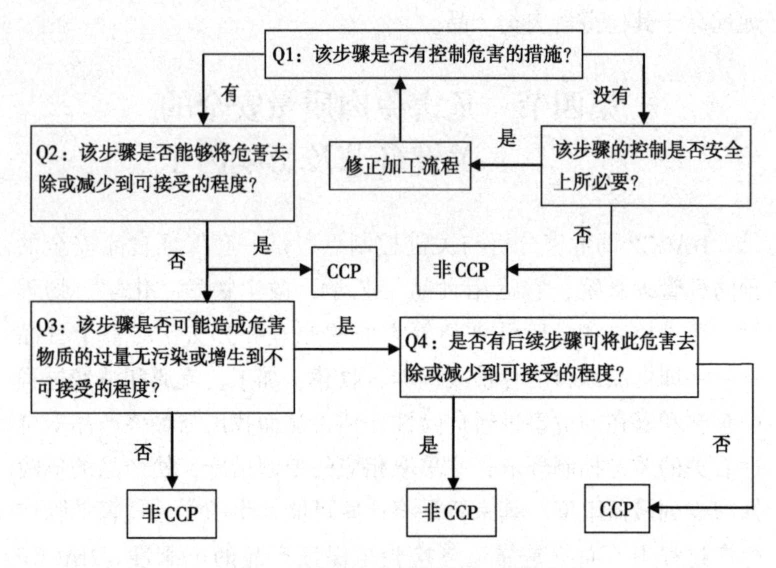


图 2－1　确定关键控制点的流程

预冷—整形或分割—包装—金属检测—冷藏—运输。

HACCP 体系的实施程序是：进行危害分析—确定关键控制点—确定各关键控制点的关键限值—建立各关键控制点的监控制度—建立当监控表明某个关键控制点失控时应采取的纠偏措施—建立关于所有适用程序和这些原理及其应用的记录系统—建立证明 HACCP 体系有效运行的验证程序。

## 一、养殖过程危害分析与关键控制点

### （一）养殖过程的危害分析

1. 微生物危害

（1）仔、幼兔污染　种兔场污染、种兔携带垂直传播的疾病及母源抗体水平高低不等均可引起幼兔感染细菌或病毒。

（2）饮水污染　在家兔养殖过程，水是重要的微生物传染源。水中的微生物，主要来源于土壤、空气、动物及人的排泄物、工厂废水、生活污水等。水中菌类比较复杂，既有普通微生物，又有病原微生物；既有细菌、真菌、螺旋体，也有病毒。已知经水传染的病原微生物有：沙门氏菌、大肠杆菌、痢疾杆菌、钩端螺旋体、脊髓灰质炎病毒、肝炎病毒等。可见饮水不卫生极易对家兔生产造成污染。

（3）宰杀前所患疾病的污染　对畜禽危害最为严重的有以下 3 种：宰杀前感染了人畜共患传染病或寄生虫病；宰杀前感染了家兔固有的传染病，如兔瘟，这些疾病虽不感染人，但由于病原体在体内的活动和病理分解，使畜禽体内蓄积某些毒素，使正常存在于人体的微生物发生继发感染，引起食物中毒或感染；宰杀前感染了某些微生物，畜禽体内的正常菌群可因各种原因，通过多种途径进入组织内，从而对畜禽产品的安全性构成一定威胁。

（4）疫苗的污染　家兔养殖环节使用的活疫苗存在外源病原污染，灭活疫苗的佐剂未被家兔完全吸收前，进入屠宰加工环节，也会威胁兔产品的安全。

2. 化学危害

（1）环境污染　在家兔生产过程中，环境污染起重要影响作用。由于工业水平的迅猛发展，废水、废气、废渣的不合理排放，引起大气、土壤、水体等严重污染，其可通过土壤—农作物—家兔这一食物链在家兔体内引起残留。从环境进入家兔体内的主要有毒物质：汞、镉、铅、砷、铬、硒、氟化物、有机氯、多氯联苯、苯并芘等。其中有一部分来源于种植业的农药残留，因其在家兔体内排除缓慢，容易被生物富集扩大，造成污染。

（2）饲料和饲料添加剂污染　饲料是家兔产品生产的重要环节，由于来源复杂，运输存贮方式等原因造成货源质量差异，可能产生严重污染。如果饲料配制过程中质量控制缺乏科学性或监管不力，所加工生产的饲料质量不符合要求，对家兔乃至人类构成了危害。这种危害包括：生物危害，如沙门氏菌、大肠埃希氏菌、弯曲菌、寄生虫等；化学危害，如农药（六六六、滴滴涕、多氯联苯）、各种有毒化学元素，如重金属砷、铅、汞、镉、氟、氯化物和亚硝酸盐等。

(3) 兽药的残留污染　主要原因有以下几点：不正当的应用药物，如用药剂量、给药途径、用药部位和用药动物的种类，不符合用药指标，延长药物在体内的残留时间，增加药物残留浓度。如滥用抗生素和磺胺类药，不仅导致耐药性的增高，也会导致人食入后过敏；屠宰前用药掩饰临床症状，以逃避宰前检查。不仅造成药品残留过多，还可能使许多危害严重的传染性疾病广泛传播；饲料生产设备受到污染或用盛放过某些药物特别是抗菌药物的容器贮存饲料；接触兔舍粪尿池中的含有抗生素药物的废水或排放的污水；随着激素类药物在畜禽生产的促进作用被发现，激素已作为同化剂用于畜禽业生产，以促进生长，提高饲料转化率，而激素的滥用也会对畜禽产品造成污染。

**(二) 养殖过程的关键控制点**

根据肉兔养殖生产工艺流程，依据 HACCP 基本原理和危害分析结果，应用关键控制点分析树，确定肉兔养殖过程中潜在的显著危害主要来自生物和化学两个方面。养殖过程的关键控制点有以下 6 个：种兔、水质、饲料、兽药和疫苗、饲养管理和出栏检疫。

(1) 种兔　种兔应选用来自有种兔生产经营许可证的种兔场，不要从疫区引种，兔场要从大量引种逐渐过渡到自繁自养，并注意保持肉兔优良特性。

(2) 水质　水质安全是保证兔肉产品质量安全卫生的重要

因素之一。工业“三废”的不合理排放和农药的滥用，都会引起水体、土壤及动植物的污染。欧盟水质标准要求98/83/EC规定了53个项目的标准要求，而我国饮用水质标准GB 5749—2006只关注40个左右的项次。因此水质标准是否符合输欧兔肉生产质量也是一个重要的因素。

（3）饲料　在肉兔养殖过程中，严格对饲料中的有毒有害物质和微生物进行控制。购买饲料预混料要让供应商提供产品批准文号、饲料添加剂许可证、出厂检验合格证或检验报告单、不含违禁药物承诺书。对饲料原料来源地进行农药残留（六六六、DDT）和重金属（镉、汞、铅、砷）的监控，对预混料进行违禁药物（欧盟重点关注氯霉素和硝基呋喃类）和重金属（镉）的监控，对成品料进行有毒有害物质的监控。拒收含有违禁药物或重金属含量超标的饲料原料和预混料。饲料贮藏要干燥、通风良好，防止霉变，要有防鼠防虫设施。

（4）兽药和疫苗　兔病防治要遵循“以防为主，治疗为辅”的原则。购买兽药和疫苗应让生产商提供产品批准文号、检验报告单和不含违禁药物承诺书；对兽药批批进行违禁药物（氯霉素和硝基呋喃类）的抽检监测；严格专职兽医处方用药制度，合理使用兽药，严格执行停药期；制定科学的防疫制度，最大限度地减少使用化学药品和抗生素；建立详细的疫病防疫防治记录和疫病监测记录；严禁使用我国和欧盟禁止使用的药物；严禁肉兔出栏前14d使用任何药物。

（5）饲养管理　肉兔饲养过程的每个环节都可能会造成显著的危害，因此必须实行严格的封闭管理，以预防各种危害因管理不善而带入养殖过程中。保证饲养场的运行符合良好农业规范的要求；专职兽医都要经检验检疫考核合格后方可上岗；饲养人员每年均应经体检合格后方可上岗；出入场区要严格消毒；发现疑似病兔，立即隔离观察；无治疗价值的病兔，严格按照国家无害化处理标准进行处理；建立真实有效的饲养管理记录。

(6) 出栏检疫　由畜牧兽医卫生检疫部门出具检疫合格证和运输车辆消毒证；养兔场提供兔只健康合格证。

## 二、屠宰分割过程危害分析与关键控制点

### (一) 屠宰分割过程的危害分析

1. 微生物危害

①接收的活兔必须来自于非疫区并对活兔及其运输工具分别进行检疫和消毒。

②工艺流程设计要合理，避免造成粪便、血污等各种交叉污染，使病原微生物大量繁殖，直接影响到兔肉的卫生和安全。

③生产车间环境必须按照国家法律的有关规定以及《良好操作规范》进行设置，按照《卫生标准操作程序》执行，定期灭蚊蝇、蟑螂、鼠害，厂区内定期清扫消毒；生产用水应符合NY 5028—2008无公害食品畜禽产品加工用水标准的规定，并对污水进行无害化处理。

④员工必须身体健康，无传染性疾病，每年必须进行健康检查；进入车间必须换上已消毒的工作服、帽、靴，并充分洗手消毒。

2. 化学危害

①用于车间消毒或清洗的消毒药水残留，或用于员工、工器具的消毒药水浓度过高，易造成化学污染。因此，必须严格执行《卫生标准操作程序》。

②用于厂区内灭蚊蝇的药水浓度过高或使用不当，也会造成化学污染。所以，要加强有害化学物质的管理，并按说明书正确

使用。

3. 物理危害

①应严格安装冲洗设备，防止不能食用的屠宰加工废弃物、污染物，如甲状腺、病变淋巴结、肾上腺、病变组织、淤血、兔毛、血污、肠道内容物、植物质等遗留。

②加工过程中工器具管理不严，造成断损，金属或玻璃碎片混入肉品。因此，需对成品肉进行金属检测。

③生产车间及冷库的温湿度未达到标准，或加工时间不准确，都会造成冷却兔肉品质的下降。

**（二）屠宰分割过程的关键控制点**

1. 宰前检验

为保证兔肉的卫生和质量，待宰活兔必须是来自非疫区的家兔，经当地动物防疫监督机构检疫合格。不允许使用种公兔、种母兔、基因工程兔作为活兔原料。宰前检验的目的，是确定肉兔的健康状态，防止患严重传染病的肉兔混入屠宰，防止肉兔间传染病的传播，避免工作人员因屠宰病兔而感染疾病，通过宰前检验做到病兔隔离，病健分宰。

2. 屠宰加工工艺

（1）宰杀及放血　现代化兔肉加工厂，宰杀多采用机械割头法，此法既可减轻劳动强度，提高工效，又可防止毛血飞溅，污染胴体。中小型兔肉加工厂，多采用颈部动脉放血致死。无论何种屠宰方式，都要保证放血充分，因为放血程度的好坏直接关系到兔肉的品质和储藏。放血充分则肉质细嫩，含水量少，保存时间长；反之则含水量多，保存时间短，残存的血液易导致细菌繁殖，降低兔肉品质。实际操作中，放血时间应保证2～3min。

（2）剖腹　分开耻骨联合，从腹部正中线下刀开腹，下刀不要太深，以免划破脏器，污染肉尸。

（3）去内脏操作　在卫检人员监督下操作，要求不划破内脏、胴体无可视污染（粪污、胃肠道内容物、血污、胆污等），并去尽内脏。去内脏后立即用清水冲洗胴体表面上的污物，如粪便、血污及内脏残留等，避免胴体产生交叉污染。

（4）同步检验　体表、胴体、内脏等无异常状况，未检出寄生虫。

（5）预冷　肉兔胴体应在宰杀后 1h 内进入 0～4℃预冷间，使肉中心温度达到 2～5℃。

（6）分割　冷却胴体应在低于 12℃良好卫生环境下的车间内进行分割。刀具和操作人员的双手应每隔 1h 消毒一次。

（7）金属检测　成品肉中不得有≥1.5mm 的金属碎片和≥2.0mm 的非金属碎片。

## 三、包装及贮运过程危害分析与关键控制点

### （一）包装及贮运过程的危害分析

兔肉的包装或贮运过程不规范，兔肉易被细菌、病毒或化学物品污染。冷藏或运输过程温度太高，兔肉易腐烂变质。

### （二）包装及贮运过程的关键控制点

（1）包装　带骨或分割兔肉均应按不同级别用不同规格的塑料袋套装，外用塑料或瓦楞纸板包装箱，包装箱应坚固，无破损，清洁，干燥，无霉。箱外应印刷中、外文对照字样（品名、级别、重量及出口公司等），包装印刷油墨应无毒，不应向内容物渗漏。

带骨兔肉或分割兔肉，每箱净重均为 20kg。分割兔肉包装前应先称取 5kg 为一堆，整块的平摊，零碎的夹在中间，然后用塑料包装袋卷紧，4 卷装一个聚乙烯薄膜袋，装箱时上下各两

卷，成“#”字形。每箱兔肉重量相差不得超过200g。

带骨兔肉装箱时应排列整齐、美观、紧密，两前肢尖端插入腹腔，用两侧腹肌覆盖；两后肢须自然弯曲使形态美观，以兔背向外、头尾交叉排列为好，尾部紧贴箱壁，头部与箱壁之间要留有一定空隙，以利于透冷、降温。

包装箱外需打包带三道，呈“＋＋”形，即横一竖二，可以用宽约1cm的塑料包装带，包装带必须干净，不能有文字、图案、花纹，包带与包扣应配套一致。

（2）贮存和冷藏　包装好的兔肉应贮存在通风良好、清洁卫生的场所，不应与有毒、有害、有异味、易挥发或易腐蚀的物品同时贮存。冷库的温度、湿度要保持恒定，昼夜温差不超过1℃；采用符合食品卫生要求的冷藏车配送，温度保持在0～4℃，冷藏时间不超过8d。

（3）运输　运输工具应根据兔肉及其制品的类型、特性、运输距离、季节以及保质贮藏的要求选择不同的运输工具。运输工具（包括车辆、轮船、飞机等）在装入兔肉及其制品之前必须清洗干净，如有必要可进行灭菌消毒，必须用无污染的材料装运兔肉及其制品。

兔肉加工厂在发货前必须指定专人对车（船）、容器、包装用具等进行检查，对不清洁、不安全、装过化学品、危险品或者未按合同规定提供车（船、箱）的必须及时提交运输部门进行清洁、消毒或调换，符合要求者才能装货。

销售单位在提取或接收肉品时必须严格按照肉制品的质量标准对货物严格验收，在肉品、标签与账单三者相符合的情况下才能装运。对规格、质量、品质及卫生状况等不符合标准的，应拒绝接收和销售。

无公害肉制品的运输最好专车专用。在无专车的情况下，必须采用有密闭的包装容器。容易腐烂的肉制品必须用专用冷藏车装运。

在运输包装的两端，应有明显的运输标志。内容包括：品名、数量、体积、重量、始发站、到达站（港）、收（发）货单位名称以及无公害食品标志等。无公害食品运输单据的填写，要做到内容准确、项目齐全、字迹清晰。

# 第三章 肉兔健康养殖

## 第一节　兔场设计及环境条件控制

### 一、肉兔场设计建设

#### （一）兔舍建造的目的和设计原则

兔场是肉兔生产经营的场所，兔场环境的好坏直接作用于肉兔机体，对肉兔生产性能的发挥起着重要作用。为了有效地组织肉兔生产，遵循肉兔的生物学规律，为家兔提供良好的环境条件，是提高肉兔生产效率的关键。

现代化肉兔生产多采用室内笼养的形式，这就构成了兔舍内特定的小气候环境。理想的兔舍应当能在生产过程中体现出防寒、隔热、防潮、防病、防兽害等功能。

#### （二）场址的选择

兔场场址的选择必须综合考虑兔场的经营方式、生产特点、管理形式及生产的集约化程度等。一般要求兔场应建设在地势高燥平坦，通风良好，稍有缓坡，地面坡度以1% ~3%较好，易于排水的地方；地下水位不能过高，应在2m以下，同时为保证兔舍相对稳定的温度，兔场应避开风口。兔场地形应开阔整齐，尽量避免边角过多，以便于管理。兔场用地最好是砂壤土，既能保持干燥的环境，又有良好的保温性能。兔场应靠近水源，其水质要符合国家生活饮用水卫生标准，水质清洁无异味，不含有毒物质和过量无机盐。兔场的朝向，应考虑日照与当地的主风向。对于我国绝大部分地区来讲，坐北朝南的兔场和兔舍是较为合适的。在冬季可获得较多的阳光，防止寒风灌入兔舍，夏季又能避免过多的日照，并有利于自然通风。为了防疫卫生，兔场距离重要交通干线要达到300m以上，距离一般道路100m以上。同时，还应做到环境安静、交通方便。

兔场在生产过程中产生的有害气体和各种排泄物对周围居民区的大气和地下水会产生污染。因此兔场不宜建在人口密集的地带，而应当选择相对隔离的偏僻地点，距离居民区500m以上。兔场在风向上要处于居民区的下风向，地势要低于居民区，使之不至于成为周围环境的污染源。但同时也要注意兔场不要受到周围环境污染。兔场应远离居民区污水排放点、屠宰场、牲口市场、畜产品加工厂、化工厂等有污染的工厂，且避开其下风向。

### （三）兔场规划布局

兔场无论规模大小，在总体规划和布局上，都应从有利于防疫和生产，方便生活等多方面来考虑。

#### 1. 兔场的规划分区

一般按照功能的不同将兔场建筑物划分为5个区，即生产区、办公区、生活区、管理区和兽医卫生隔离区等。

（1）生产区　是兔场的核心区域，主要建筑物有种兔舍、繁殖舍、育成舍、育肥兔舍。为了便于管理，减少疾病，各种兔舍参照如下顺序安排：种兔舍位于最佳的上风向位置；繁殖舍要靠近育成舍，以便于兔群周转；育肥兔舍应靠近兔场一侧的出口，以便于销售转出。为防止生产区的气味影响生活区，应将生产区与生活区并列并处于生活区的偏下风向。生产区应与其他区域隔离，并在生产区出入口设消毒池。

（2）办公区　由办公室和接待室等与外界联系较多的设施构成。应设置在接近兔场大门、便于对外交流的地方。

（3）生活区　是兔场职工生活的区域，主要包括职工宿舍、食堂及休闲娱乐场等设施。生活区应当单独分区设立，其位置可以与生产区平行，且位于生产区的偏上风向。考虑到工作方便和兽医防疫，生活区既要与生产区保持一定距离，又不能太远。在生活区通向生产区的入口处要设消毒设施，人员进入须消毒更衣。

（4）管理区　主要有饲料仓库、饲料加工车间、干草库、水电房、维修间等。饲料原料仓库和饲料加工间应靠近饲料成品间，便于生产操作；饲料成品间与生产区应保持一定距离，以免污染，但又不能太远，以免增加生产人员工作强度。

（5）兽医卫生隔离区　主要包括兽医室、病兔隔离间、粪污处理池等。为了尽可能减少该区对生产、生活区的影响，必须置于其他区域的下风向，并设置隔离带，与其他区域保持一定距离，以保证整个兔场的安全。

2. 兔舍的合理布局

（1）兔舍朝向和排布　结合当地自然光照和主要风向，确定兔舍的最佳朝向，合理的自然光照，对于兔舍的采光和温度都有很大影响。一般来讲兔舍采取坐北朝南，偏东或偏西15°以内较为合适。多排兔舍排布时前后两排兔舍之间的间距应不小于舍高的1.5～2倍。

（2）道路设置　场内道路的设置不仅影响到场内工作运输

的效率，还影响到了场内的卫生防疫安全。场内道路要求直和线路短，以保证各生产环节之间最方便的联系。场内道路分为清洁道（向兔舍运送饲料的道路）和污染道（运送粪便和污物的道路）。清洁道和污染道必须分开，不可交叉，以防止疫病传播。道路应坚实，有一定弧度，排水良好。

（3）防疫设施　为了有效控制各种疾病在兔场内的发生，兔场必须做到与外界环境相对隔离，因而兔场周围应当与外界有天然的防疫屏障或建筑较高的围墙，以防止场外人员或动物进入场内。兔场内部各功能区之间也要设置防疫隔离设施。兔场大门和各功能区入口，如生产区入口和兔舍门口，应设置消毒室、消毒池、消毒槽等消毒设施。

（4）贮粪池　贮粪池应设立在生产区的下风向，并与兔舍保持100m的间距，有围墙时可缩小到50m。深度以不受地下水的浸渍为宜，并在底部做防渗处理。

（5）绿化　绿化可改善兔舍小气候，净化空气，隔离噪声，并起到防疫的作用。场界周边种植乔木灌木混合林带，场区内设置分隔场内各区的隔离林带，道路两旁绿化。兔舍之间种植树木时，兔舍的采光地段不要种植过于高大、枝叶过于茂密的树种，以防影响兔舍采光（图3－1）。

**（四）兔舍设计和建筑的一般要求**

（1）兔舍设计原则　兔舍设计要以肉兔的生物学特性为基础，做到既有利于家兔生长发育及生产性能的提高，又便于饲养管理和提高工作效率，同时还应当取材方便、价格低廉、坚固耐用，尽可能减少设备、设施投资。

（2）舍高、跨度和长度　舍高指地面至天棚的高度。一般兔舍高度为2.6～2.8m，寒冷地区适当降低舍高。

跨度要根据家兔生产方向、兔笼形式、排列方式及气候环境

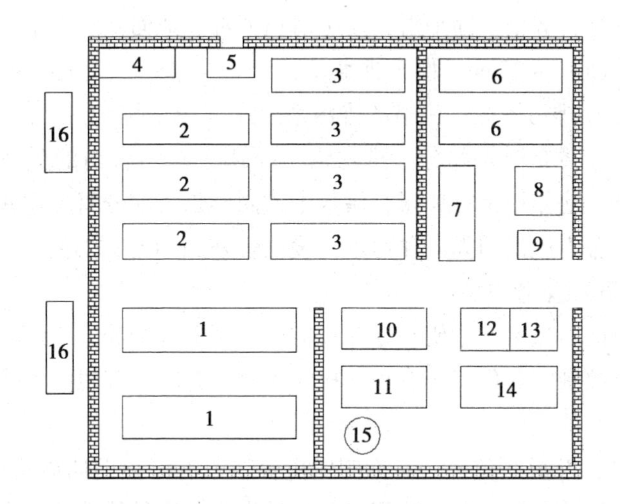


**图 3-1 兔场平面布局分区示意图（钟秀会，生态养兔，2010）**

1. 种兔舍 2. 繁殖舍 3. 育肥舍 4. 隔离舍 5. 售兔台 6. 职工宿舍 7. 办公室 8. 食堂 9. 门卫室 10. 饲料加工室 11. 饲料原料室 12. 配电室 13. 修理室 14. 锅炉 15. 水塔 16. 蓄粪池

而定，一般双列式≥4m，四列式≥8m。一般兔舍跨度控制在12m 以内。跨度过大对建筑材料和建筑技术要求较高，同时，跨度过大不利于自然通风和采光。

长度可根据场地条件、建筑物布局灵活设定。考虑到兔舍的消毒、防疫及兔舍粪污的排出，兔舍长度一般控制在 50m 以内。

（3）兔舍容量与密度　一般大中型兔场，每栋兔舍以容纳一个饲养员和一个劳动组合饲养量所饲养的兔子为宜，目前多数在 500 只种兔，或 2000 只育肥兔。兔舍内合适的饲养密度为：种公兔为 0.4 ~ 0.5$m^2$/只，带仔母兔为 0.35 ~ 0.45$m^2$/只，后备兔为 0.23$m^2$/只，育肥兔为 12 ~ 20 只/$m^2$。

（4）兔舍建筑设施　兔舍建筑应当有防寒、防暑、防风、防雨、防潮、防兽害的设施。要通风干燥，光线充足，屋顶隔热性能良好，墙壁坚固平滑，便于清扫消毒，地面坚实平整，高出舍外地面 15 ~ 25cm，便于排水。

（5）排污系统　完整的排污系统应当包括排水沟、沉淀池、地下沟、蓄粪池等部分。排水沟主要用于排出舍内的粪尿、污水。沉淀池作用是将粪尿、污水中的固形物沉淀分离。蓄粪池用于蓄积舍内流出的粪尿和污水，设在舍外 5m 以外的地方。

**（五）兔舍类型**

目前肉兔生产主要有笼养、散养、圈养等饲养方式。其中笼养便于控制饲养环境，有利于疾病防治，是较为理想的方式，是肉兔生产的主流形式。

（1）开放式兔舍　又称棚式兔舍，只有屋顶而四周无墙壁，屋顶下放置兔笼或设网状围栏。这种类型兔舍结构简单，取材方便，造价低，通风好，光线充足，管理方便。但同时也具有受外界环境影响大，环境温度、光照难以控制的缺陷。多见于较温暖地区在饲养青年兔、幼兔和商品兔时使用。

（2）半开放式兔舍　又称敞篷式兔舍，一面或两面无墙，兔笼后壁相当于兔舍墙壁，根据兔笼排列又可分为单列式与双列式两种，以双列式最多见（图 3 –2）。

（3）封闭式兔舍　该类型兔舍四周有墙，前后有窗。平时通风换气主要靠门、窗、通风管完成，为提高通风透光性可在南墙设立式窗户，北墙设双层水平窗户。但是，粪尿沟设在室内，粪尿分解产物会使舍内有害气体浓度升高，家兔呼吸道疾病、眼疾增加，尤其冬季情况严重（图 3 –3）。

（4）无窗兔舍　四周有墙无窗（设置应急窗），兔笼沿兔舍长轴摆放。舍内的通风、温度、湿度和光照完全靠相应的设备由人工控制或自动调节，减少外界环境的影响，并能自动喂料、饮水和清除粪便。因此，该种兔舍能够最大限度地满足肉兔对环境

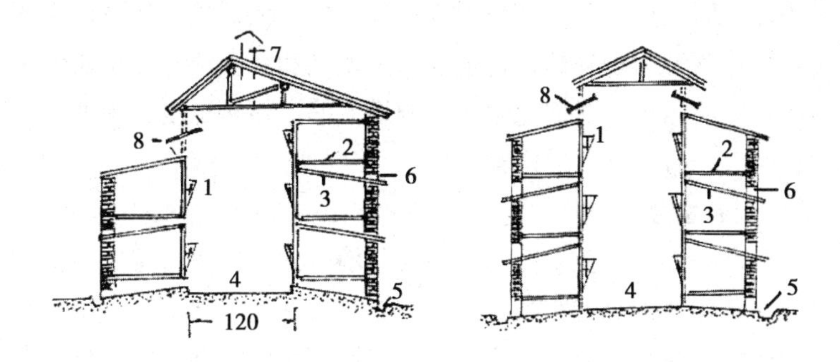


图 3－2　双列式半开放兔舍（杨正主编，《现代养兔》，1999）

1. 草架　2. 笼底　3. 承粪板　4. 通道　5. 排水沟

6. 除粪口　7. 出气口　8. 翻转窗

图 3－3　封闭式兔舍示意图

的要求，从而获得高而稳定的繁殖性能、增重速度和控制饲料的消耗量，也有利于防止兽害及各种疾病的传播。但其一次性投资较大，运行费用较高。目前工厂化养兔均采用这种形式。

## 二、肉兔养殖场环境质量要求

肉兔的环境是指影响肉兔生长、发育、繁殖、生产的一切外界条件和因素的总和。环境因素多种多样，依据其来源或性质不同可以将其分为物理性、化学性、生物性和社会性环境。在众多的环境因素当中，对肉兔生产影响最大的主要是温度、湿度、光照、空气中有害气体等因素。

（一）温度

温度是影响肉兔生产的最主要环境因素。肉兔自身生理特点决定了其耐寒怕热的特征，但是仔兔与成年兔截然不同，耐寒性差，而耐热性强于成年兔。因此，在调控兔舍温度时应充分考虑成年兔和幼、仔兔的区别。一般而言，维持肉兔正常生产性能的适中温度区在 5～30℃，但最适于家兔生长的温度为 15～25℃。肉兔在适宜温度范围内，生产力和抗病力都比较强，具有最好的经济效益。而不同阶段家兔需要的适宜环境温度有较大不同，如初生仔兔需要 30～32℃的环境温度，幼兔为 18～21℃，成年兔为 15～25℃。如果温度过高或过低，就会对家兔产生不良影响。

（二）湿度

湿度是影响肉兔生产的另一主要环境因素。但是在生产中很少单独去考虑湿度对肉兔的影响，而是将湿度与温度结合起来观察湿度的影响效应。高温高湿条件下，会导致肉兔散热困难，诱发肉兔的热射病；低温高湿，一方面会导致肉兔散热加快，同时也不利于兔舍的升温保温，加重肉兔的冷应激。另外，湿度过大导致笼舍潮湿不堪，污染被毛，影响兔毛品质，家兔皮肤潮湿，有利于细菌、寄生虫繁殖，引起疥癣、湿疹、脚皮炎等皮肤病。湿度过低，兔舍空气长期过于干燥，尘土飞扬，可导致被毛粗糙，兔毛品质下降，呼吸道黏膜干裂和患传染性鼻炎等。因此，保持兔舍的适宜湿度在安全健康生产中具有重要的意义。肉兔生活的适宜相对湿度是 60%～65%，最高不超过 80%，最低不低于 55%。

**（三）光照**

光照是兔舍内小气候的重要因素，研究表明光照能够对家兔生产的多个方面产生影响，如繁殖、产毛、生长、性成熟等。同时适当的阳光照射还可提高兔体新陈代谢，增进食欲，促进体内钙磷代谢，同时还可杀菌，提高兔舍温度，保持兔舍干燥，有助于预防兔病。因此，在生产中充分发挥光照的作用，结合营养调控、环境控制，共同促进肉兔的高产高效是可行的。通常肥育兔以每天8h弱光照射较为适宜。繁殖母兔每天光照14～16h，每平方米4W，有利于其发情、配种、分娩；种公兔适宜光照时间为每天12～14h。

**（四）有害气体**

二氧化碳、氨气、硫化氢是兔舍内主要的有害气体。

二氧化碳（$CO_2$）本身无毒，但随着它在兔舍内逐渐积累，浓度逐渐升高，氧分压下降，使家兔呼吸变快，体内气体、能量代谢下降，血中二氧化碳逐渐积累，最终会导致窒息死亡。生产上常把二氧化碳浓度作为兔舍内空气污浊程度的标志，舍内二氧化碳含量超标，常意味着其他有害气体也很可能超标。兔舍内二氧化碳浓度应尽量控制在3500ml/$m^3$以内。

氨气（$NH_3$）是兔舍内常见的一种具有刺激性气味的气体。当舍内氨气含量超过20～30ml/$m^3$时，常常诱发各种呼吸道疾病、眼病，尤其可引起巴氏杆菌病；超过50ml/$m^3$时家兔呼吸次数减少，流泪鼻塞；超过100ml/$m^3$会使家兔眼泪、鼻涕和口涎显著增多。兔舍内氨气含量一般控制在30ml/$m^3$以下。

硫化氢（$H_2S$）是一种无色、易挥发、带有臭鸡蛋气味的气体，易溶于水。兔舍空气中的硫化氢，主要由一些含硫的有机物分解而产生，如家兔在采食富含蛋白质的饲料并且发生消化机能障碍时就会由肠道排出较多硫化氢。浓度高时，易引起呕吐和腹泻，严重时导致呼吸中枢麻痹，窒息死亡。兔舍内硫化氢浓度应控制在 10ml/m³ 以下。

## 三、肉兔养殖场环境控制技术

### （一）温度控制

良好的温度控制能够实现肉兔生产的防寒保暖，提高夏、冬极端温度季节肉兔的生产效率和仔兔的成活率。根据季节、地区特点不同，肉兔的温度控制包括降温和保温两种情况。

1. 兔舍降温

（1）注意建筑材料选择　在兔场建设时选择导热性差、隔热性能好的材料作为建筑的主体材料，特别是屋顶材料，如聚苯乙烯泡沫夹层的彩钢隔热板，能够大幅度降低兔舍内的温度。

（2）兔场植绿　在兔舍的阳面，借助藤蔓植物或高大的树木，能够对兔舍屋顶及日光直射起到有效的遮挡作用。据报道当气温达到 33℃时，大树下的兔舍内仍然凉爽舒适，而没有树遮阳的兔舍内却十分燥热。

（3）通风　通风能够带走兔舍内的热量，兔舍的通风可以采用自然通风，也可采用机械通风。炎热的夏季应当采用机械通风的形式以提高通风效率。

（4）墙体刷白　白色具有很强的光反射效果，能够将大部分太阳辐射热反射掉，从而避免过多的热量进入兔舍，能大幅度降低兔舍内温度。

（5）洒水　在舍内洒水，通过水的蒸发带走热量，尤以喷洒地下水和经冷却的水，降温效果较好。但应注意在炎热的夏季洒水不当可能会导致兔舍湿度过高，不仅不会降低舍温，还会导致兔散热困难，加重热应激。

（6）空调降温　有条件的兔舍，在兔肉市场行情良好的情况下，可以采用空调降温的形式。

2. 兔舍保温

一般情况下，在华北以南地区，肉兔生产即使在冬季也无须供热，只需增加饲养密度即能满足温度要求。但是在酷寒的北方，可以采用人工增温保温。人工增温主要有集中供热和局部供热两种形式。

（1）集中供热　寒冷地区冬季可生火炉，采用锅炉或空气预热装置通过管道将热水、蒸汽或热空气送入兔舍。

（2）在兔舍中单独安装供热设备　如保温伞、散热板、红外线灯等设备保持局部区域的较高温度。

**（二）湿度控制**

（1）场址的选择　兔舍应当选择建设在地势高燥处。墙基和地面最好设置防潮层，以减少和防止土壤中水分渗透导致的墙壁、地面潮湿。

（2）保持排水系统畅通　兔舍要勤打扫，保持清洁卫生。经常疏通排水管道、排水沟、排尿沟，及时清粪。排水沟、排尿沟应尽量减少蒸发面积，因此设计时应深而窄。在兔舍墙角和粪尿沟内撒石灰、草木灰等作为吸附剂，也可降低舍内湿度。

（3）控制饮水器滴水　生产中，兔舍内的高湿度与饮水器滴水关系密切。应使用高质量的自动饮水器，安装调压装置，及时修理和更换损坏的饮水器。

（4）兔舍保温供暖　冬季要特别注意兔舍的保温和供暖，使舍内温度保持在露点温度以上，可防止水汽凝结，以免在低温高湿环境下使家兔感觉更加寒冷。

（5）兔舍通风换气　在兔舍内利用窗户和通风孔及风机通风，可以有效地将舍内多余的潮气随通风换气排出舍外，降低舍内湿度。

**（三）光照控制**

自然光照条件下，为保证兔舍内适宜光照强度，兔舍门窗的有效采光面积一般按照舍内地面面积的15%进行设计。采用人工光照时，以用白炽灯作为光源为例，可按照每平方米地面3～4W来设计，光源距离地面2m左右，光源之间距离为光源高度的1.5倍。在同舍多列兔笼进行人工光照时应注意保证光照强度要均匀，避免某些部位过亮或过暗。可以采用交替错落法设置灯的高度，即照明灯悬吊时不能在同一高度，而应一高一低间隔排列。或者以下层笼的光照强度为标准，即保证最下层的兔笼也要得到适宜的光照强度。

**（四）有害气体控制**

控制兔舍有害气体含量主要是控制好兔舍内外的通风换气。开放式兔舍夏季可打开门窗自然通风，冬季依靠通风装置通风换气。密闭式兔舍要根据气候、季节、饲养密度等因素调节通风换气装置，较为精确地控制舍内通风换气。

此外，为控制舍内有害气体含量，还需要及时清除舍内粪尿，减少舍内水管、饮水器的渗漏，保持兔笼笼底的干燥清洁。

## 第二节　肉兔和獭兔优种的选择

### 一、优秀肉用种兔个体选择及鉴定

**（一）肉用兔的选种指标**

（1）生长速度　肉兔的生长速度有两种表示方法：累积生长、平均日增重。累积生长通常用屠宰前的体重表示，一般专门肉用品种兔采用这种方法，但需注明屠宰日龄，以便于比较；平均日增重通常用断奶到屠宰期间的平均日增重来表示。由于饲养的品种不同，出栏时间不同，日增重标示时一定要注明出栏日龄或周龄。

（2）饲料消耗比　是指从断奶到屠宰前每增加1kg体重需要消耗的饲料数，具有饲养成本的含义。饲料消耗越少，经济效益越高。

（3）胴体重　胴体重又分为全净膛重和半净膛重。全净膛重是指家兔屠宰后放血，除去头、皮、尾、四肢（前肢腕关节以下，后肢跗关节以下）、内脏和腹脂后的胴体重量；半净膛重是在全净膛重的基础上保留心脏、肝脏、肾脏和腹脂的胴体重量。胴体的称重应在胴体尚未完全冷却之前进行，在我国通常采用全净膛重表示。

（4）屠宰率　屠宰率是指胴体重占屠宰前活重的百分率。宰前活重是指宰前停食12h以上的活重。屠宰率越高，经济效益越大。良好的肉用品种兔屠宰率在55%以上，胴体瘦肉率在82%以上，脂肪含量低于3%，后腿比例约占胴体的1/3。

（5）胴体品质　胴体品质主要通过两个性状来反映。一是屠宰后24h股二头肌的pH值。pH值越低，肉质越差。二是胴体脂肪含量，胴体脂肪含量越高，兔肉品质越差。

**（二）肉用型种兔的综合鉴定**

（1）哺乳阶段的选择　刚断乳的幼兔，在个体品质上只有断乳体重可以作为借鉴的选择依据。据Jerson（1976）的分析，幼兔的断乳体重对以后的生长速度有较大的影响（$r=0.56$），因而选择断乳体重较大的幼兔是适宜的。除此之外，还应结合系谱以及同窝同胞在生长发育上的均匀度进行选择。

（2）3月龄时的选择　从断乳到3月龄这一时期，幼兔无论是绝对生长还是相对生长速度都很快。此时应着重鉴定3月龄体重和断乳至3月龄的日增重，并且测定同胞的肥育性能。

（3）初配时的选择　种兔在6～7个月龄进行初次配种，这时肉兔的生长发育已经较为完善，所以可以着重于外形鉴定。另外，由于母兔在交配时的体重与仔兔的初生窝重有很大的关系，所以此次选种仍要重视体重的选择。对种用公兔还必须要进行精液品质检查和性欲检查，淘汰生殖性能差的公兔。

（4）1岁以后的选择　此时期主要鉴定母兔的繁殖性能，对屡配不孕的母兔予以淘汰。母兔的初次产仔情况不能作为选种的依据，但对繁殖性能太差的应予以淘汰。等母兔的第二胎仔兔断乳以后，根据繁殖性能的选择指数，并参考第一、第二胎受胎所需的交配次数评定其繁殖性能。

（5）根据后代品质的选择　当种兔的后代有生产记录时，根据后代的品质对种兔进行遗传性质的鉴定，即后裔鉴定。

## 二、优秀獭兔种兔个体选择及鉴定

### （一）獭兔的选种指标

（1）皮张面积　皮张面积是指颈部中央至尾根的直线长与腰部中间宽度的乘积，用 $cm^2$ 表示。在被毛品质相同的情况下，皮张面积越大，毛皮性能越好，种用价值越高。獭兔皮的分级标准：甲级全皮面积 $1100cm^2$ 以上，乙级 $935cm^2$ 以上，丙级 $770cm^2$ 以上。达到甲级皮的标准，一般獭兔活重应达到2.75～3.0kg。

（2）被毛长度　是指剪下毛纤维的单根自然长度，以cm为单位，要求精确到0.01cm。被毛长度也是评定獭兔毛皮质量的重要指标之一，一般要求被毛长度应符合品种特征。不同品系的獭兔被毛长度有较大差异。一般而言，以美系血统为主的獭兔，被毛长度较短，平均1.6cm左右，而以德系血统为主的獭兔，毛纤维较长，2.0～2.2cm，而以法系血统为主的獭兔毛纤维长度居中，约1.8cm。

（3）被毛密度　被毛密度是指肩、背、臀部每平方厘米皮肤面积内的毛纤维根数，与毛皮的保暖性有很大关系。被毛密度越大，毛皮品质越好。测定被毛密度，生产中采用估测法，估测法是指逆毛方向吹开毛被，观察吹开的漩涡中心露出的皮肤面积大小来确定。以不露皮肤或露出面积不超过$4mm^2$为极好，不超过$8mm^2$为良好，不超过$12mm^2$为合格。被毛密度的测定应当在秋季换毛结束后进行。科学研究测定被毛密度采用样皮比例法。目前我国科研人员正在研发被毛密度测定仪，已通过技术鉴定。獭兔的被毛密度测距很大，不同品种或品系存在较大差异，而不同测定方法得出的结果也不相同。从国内报道看，在1.3万～3.5万根/$cm^2$。

（4）被毛平整度　被毛平整度是指全身被毛长度的一致性。准确测定时可将全身体表分成3～4个部分，每个部分采取500根毛样，分别计算枪毛突出绒毛表面的长度，以评定不同部分被毛的平整度。生产中多采用观察法，判断被毛是否有高低不平之处，是否有外露的枪毛等。

（5）被毛细度　被毛细度是指单根毛纤维的直径，以微米为单位，精确到0.1μm。测定方法是在体表的代表区域（一般为背中和体侧）取样，对毛样处理后用显微镜或显微投影仪进行测定，每个毛样测量100根，要测定两个毛样，计算平均值。据测定，獭兔的被毛细度为16.0～18.0μm。

（6）粗毛率　指毛纤维中粗毛占总毛量的百分率。测定方法是在体表部位取一小撮毛样，在纤维测定板上分别计数细毛和粗毛的数量，然后计算粗毛占总毛数的百分率。计数的毛纤维总数应不少于500根。不同部位被毛纤维的粗毛率不同，研究表明，腹部粗毛率最高，臀部最低，与被毛密度正好相反。

（7）被毛色泽　对被毛色泽选择时，主要考虑两个方面。一是被毛的颜色是否符合品种色型；另一个是看被毛是否有光泽。对被毛色泽的基本要求是符合品种色型、纯正而富有光泽，无杂色、色斑、色块和色带等异色毛。

（8）被毛弹性　被毛弹性是鉴定被毛丰厚程度的一项指标。鉴定时，用手逆毛方向由后向前抚摸。如果被毛立即恢复原状，说明被毛丰厚，密度较大，弹性强；如果被毛竖起，或倒向一侧，说明绒毛不足，弹性差。

（9）被毛附着度　指被毛在皮板上的附着程度，是否容易掉毛。经常采用"看"、"抖"、"抚"、"拔"的形式进行测定。"看"是指观察皮板上是否有半脱落的绒毛，半脱落的绒毛一般比其他被毛明显长一截；"抖"是用左手抓前部，右手抓后部并抖动，看是否有脱落的毛纤维；"抚"是指用手由后向前抚摸被毛，观察是否有弹出脱落的毛纤维；"拔"是用右手拇指和食指轻轻在被毛上均匀取样拔毛，观察被毛脱落情况。

**（二）皮用型种兔的综合鉴定**

（1）断乳阶段的选择　同肉兔选种一样，此时期皮用兔的选种重点也是选择断奶体重较大的个体，还要配合以系谱以及同窝同胞生长发育的均匀度进行选择。

（2）3 月龄时的选择　从断乳到 3 月龄阶段，是在家兔绝对生长最快的阶段。此时应重点鉴定 3 月龄和断乳至 3 月龄的日增重，以及被毛密度。

（3）5 月龄的选择　此时期主要对兔皮质量进行选择，重点选择獭兔的体型、被毛密度、被毛长度、被毛细度、被毛的平整度以及粗毛率等。

（4）初配时的选择　种兔在 6 ~ 7 个月龄进行初次配种，这时肉兔的生长发育已经较为完善，所以可以着重于外形鉴定。另外由于母兔在交配时的体重与仔兔的初生窝重有很大的关系，所以此次选种仍要重视体重的选择。对种用公兔还必须要进行精液品质检查和性欲检查，淘汰生殖性能差的公兔。

（5）1岁以后的选择　此时期主要鉴定母兔的繁殖性能，对屡配不孕的母兔予以淘汰。母兔的初次产仔情况不能作为选种的重要依据，等母兔的第二胎仔兔断乳以后，根据繁殖性能的选择指数，并参考第一、第二胎受胎所需的交配次数评定其繁殖性能。

（6）根据后代品质的选择　当种兔的后代有生产记录时，根据后代的品质对种兔进行遗传性质的鉴定，即后裔鉴定。

## 第三节　肉兔繁殖

### 一、母兔发情鉴定及调控技术

发情是指当母兔性成熟后，卵巢内卵泡逐渐发育成熟的过程中产生的雌激素通过血液循环作用于大脑活动中枢，从而引起母兔生殖器官变化并表现交配欲望的生理现象。

母兔属于刺激性排卵，即成熟卵泡只有经过交配刺激才能排出卵子，否则逐渐萎缩退化，因而卵巢内同时存在不同发育阶段的卵泡，使得母兔发情表现不明显。因此，掌握母兔发情规律和特点，对于及时配种，提高繁殖率至关重要。

#### （一）发情鉴定技术

母兔的发情鉴定方法有行为观察法，外阴检查法、试情法等。但生产中常用前两种方法。

（1）行为观察法　行为观察法是通过母兔的行为表现，精神状态来判断母兔是否发情。母兔发情表现不及其他动物（如牛、羊、猪、狗、猫）明显，需要仔细观察以把握最佳配种时机。母兔发情时，食欲减退，采食量明显下降；精神兴奋活跃，笼内跳动不安，常用后脚跺笼底；有时用下巴摩擦笼具或料盒，爬跨同笼母兔。

（2）外阴检查法　外阴检查法是判断母兔发情最准确、有效的方法之一。检查时，将待查母兔从笼中取出，右手抓住母兔双耳和颈部皮肤，左手手掌托住母兔臀部，使之四肢朝外，食指和中指夹住尾根，外翻，拇指按压母兔外阴，使外阴黏膜充分暴露，观察母兔外阴黏膜颜色、湿润程度和肿胀程度。

根据母兔外阴黏膜颜色、湿润程度和肿胀程度可将母兔的发情阶段分为：发情前期、发情中期、发情后期和乏情期。母兔外阴黏膜呈粉红色，轻微肿胀，略湿润为发情前期，此时配种尚早；当母兔外阴黏膜呈深红色，肿胀，湿润，则为发情中期，是配种的最佳时期，此时不但很容易促成公母兔交配，而且能提高母兔的受胎率和产仔数，获得较好的繁殖效果；发情后期，母兔外阴黏膜呈黑紫色，肿胀逐渐消退，干燥，此时已错过配种时机。若黏膜苍白，萎缩，干燥，则为乏情期，不宜配种。根据外阴颜色判断发情阶段，可以归结为“粉红早，黑紫迟，大红正当时”。实践中由于母兔个体、年龄、胎次的差异，外阴黏膜的状态会有所不同，要根据实际情况灵活把握配种时机。

**（二）发情调控技术**

发情调控技术是在对母兔发情周期、发情生理、排卵规律充分了解的基础上，应用激素或药物以及饲养管理技术手段，改变母兔自然发情的周期规律，使其按照人们的要求发情并排卵的技术，又称为发情控制。通过人为地控制和调整发情规律，实现发情周期的同期化，结合人工授精技术，不仅产仔时间相近，规格大体一致，能够保证商品肉兔的成批生产，而且大大节省劳动力。

（1）诱导发情 实践发现，有些后备母兔发育到性成熟后，仍不出现发情，或分娩母兔直至断乳后仍迟迟不出现发情，这些情况下则需要对乏情母兔进行诱导发情处理。即母兔乏情期借助外源激素或其他手段刺激卵巢活性，使其正常发情，以便配种。

利用饲养管理措施诱导母兔发情的方法很多，在光照时间较短的秋、冬季，采取人工增加光照的方式，使每天光照时间达到14～16h，光照强度平均60～80lx，可刺激母兔发情；补饲富含维生素的胡萝卜、大麦芽或日粮中添加维生素E和硒等对乏情母兔有促发情作用；母兔一般在仔兔断乳后3～5d普遍发情；此外，还可通过公兔挑逗、按摩外阴等方式刺激母兔发情。

母兔的发情由多种激素相互调节控制，包括下丘脑分泌的促性腺激素释放激素（GnRH），垂体分泌的促卵泡素（FSH）和促黄体素（LH），卵巢分泌的雌激素、孕激素、抑制因子和其他的一些因子及子宫分泌的前列腺素（PGF）等。生产中用于诱导母兔发情的激素类药物主要有氯前列烯醇和前列腺素（PGF）类似物等。

（2）同期发情 同期发情实质是诱导发情技术在母兔群体上的应用。即对母兔群进行干预，诱导一批母兔在短时间内集中发情并排卵。生产中掌握同期发情技术可以避免每天鉴定自然发情，便于规模化人工授精，集中组织生产。

同期发情可以通过控制卵泡发育或黄体形成，延长或缩短黄体期等方法实现。延长黄体期最常用的方法是皮下埋植或肌内注射孕酮、炔诺酮、氟孕酮等孕激素。后者可以通过抑制卵泡发育，从而延长黄体期。缩短黄体期的方法主要有注射前列腺素、促性腺激素、促性腺激素释放激素、氯前列烯醇等。生产中皮下注射氯前列烯醇0.1～0.2mg，1～6h内母兔同期发情率可达96.7%。

（3）诱导排卵　母兔属于刺激性排卵动物，其脑下垂体自发释放促黄体素不足，不能够促使成熟卵泡破裂，只有经过交配刺激，或类似于交配刺激的外源刺激后（如注射促排卵激素），成熟卵子才会从卵泡中排出，否则会在卵泡中逐渐衰退，吸收，这种现象称为诱发排卵。采用外源性激素人为控制排卵时间，即诱导排卵。

对于发情母兔常由耳静脉或肌内注射人绒毛膜促性腺激素（HCG）50IU，或促黄体素（LH）50IU进行诱导排卵。未发情母兔可先皮下注射孕马血清促性腺激素（PMSG）120IU/d，连续注射2d进行诱导发情，再由耳静脉或肌内注射人绒毛膜促性腺激素（HCG）50IU，或促黄体素（LH）50IU进行诱导排卵。目前生产中常用的是国产促排卵2号或3号肌内注射，促排卵效果较好。

（4）超数排卵　超数排卵简称超排，是采用药物手段刺激母兔排出超出正常数量的卵子。在正常情况下，兔平均一次排卵数为9个，多者达15个以上，经超数排卵处理后，可获得大量的卵子或胚胎。超排效果受母兔年龄、体况、遗传特性、是否经产、激素种类、注射剂量等因素影响。目前家兔诱导超排常用的药物主要有孕马血清促性腺激素（PMSG）、卵泡刺激素（FSH）和尿促性素（HMG）。具体使用方案介绍如下。

孕马血清促性腺激素（PMSG）+人绒毛膜促性腺激素（HCG）法：母兔颈部皮下注射PMSG 80IU，72h后耳缘静脉注射HCG 100IU，可起到超排效果。孕马血清促性腺激素（PMSG）具有FSH和LH的双重作用，也可单独用于超排。但有资料报道，由于PMSG在体内凋谢的速度慢和残留的时间长，易引起卵巢囊肿和卵泡充血，导致卵子形态发育异常。建议在使用 PMSG 后注射抗 PMSG 抗体，以中和体内残留的 PMSG。

卵泡刺激素（FSH）+人绒毛膜促性腺激素（HCG）法：母兔颈部皮下注射 FSH 10IU，每间隔 12h 注射 1 次，连续 6 次后，间隔 12h，再耳缘静脉注射 HCG100IU，可达到超排效果。

尿促性素（HMG）+人绒毛膜促性腺激素（HCG）组法：母兔颈部皮下注射 HMG 35IU，每隔 24h 注射 1 次，共 2 次，24h 后再耳缘静脉注射 HCG 100IU。

## 二、配种技术

配种，即通过公兔与母兔的交配，促使母兔受胎，是家兔繁育工作中最基本的操作环节之一。

配种包括自然配种和辅助配种两种方式，生产实践中根据母兔的发情状态合理选择。如果母兔处于发情中期，发情状态良好，性欲旺盛，可选择自然配种方式；若母兔处于发情初期或发情末期，可能拒绝配种，这时就要采取辅助配种的方式，保证配种的顺利进行。

### （一）自然交配

传统意义上的自然交配是种兔在群养条件下，没有人为干预的自然选择的交配。而在当前的饲养模式下，种兔大多实行单笼饲养，自然交配主要是指在公、母兔的交配过程中没有人为干预，由公、母兔自发进行并完成。

将发情母兔轻轻放入公兔笼中，当公母兔辨明性别后，公兔先是不断兴奋跑跳，然后追逐、爬跨母兔，发情母兔站立不动，臀部抬起，举尾迎合，公兔即将阴茎插入母兔的阴道中立即射精，并随射精动作发出“咕咕”叫声，随后后肢卷曲，滑下倒向一侧，表示配种顺利完成。配种完成后立即在母兔臀部轻拍一下，可使母兔阴道收缩，防止精液倒流，以提高受胎概率。

**（二）人工辅助交配**

自然配种过程中，有的母兔表现交配欲望不强，匍匐不动，用尾紧掩阴部，拒绝公兔交配，这种情况下则需要采取人工辅助交配的方法进行强制交配。用左手抓住母兔颈皮及耳朵，右手伸入母兔腹下，抬起母兔臀部，待公兔爬跨上即可交配；或者用细绳拴在母兔的尾巴中后部，并从背部拉向前方，一手抓住兔耳和颈皮以及细绳，另一只手伸向母兔腹下靠后肢处，将臀部微微托起，充分露出阴门，待公兔爬跨上即可交配。配种结束后，马上将母兔从公兔笼中取出，检查外阴，确定配种完成后，轻轻拍击臀部，使母兔阴道收缩，防止精液倒流。将母兔送回原笼后，及时做好登记。

**（三）配种注意事项**

（1）配种年龄　种兔要结合体重和月龄确定初配时间。一般饲养条件下，公母兔体重达到该品种标准体重的70%时，可开始配种繁殖。若配种过早或过晚，不仅限制自身发育，还会影响后代品质。使用年限一般为2年左右，根据利用频率和种兔健康状况而定。对于繁殖性能特别优秀者可适当延长。

（2）配种季节　肉兔一年四季均可繁殖，但受温度、湿度、光照等因素的影响，繁殖效率有所不同。春、秋季气候温和，种兔性欲旺盛，是种兔配种的最佳季节；冬季气温较低，要求有保温措施；夏季高温时如无有效降温措施，应停止配种。

（3）配种频率　一般情况下，体况良好，性欲旺盛的公兔，每天可配种1～2次，连续配种两天停配1d。若发情母兔多，任务繁重，可适当增加配种次数，但切忌过度，以免影响公兔健康和精液品质。

（4）公母比例　生产中应根据公兔的配种能力和母兔的繁殖频率确定公母兔的比例。本交情况下，种兔的公、母比例以

1：（8～10）为宜，为了留有余地，防止意外情况，应增加理论种公兔数量的10%作为机动；若采用人工授精技术，可适当减少公兔的饲养量，保持1：（50～200）为宜，根据群体的规模决定。对于规模不大的兔场（1000只以下），种公兔数量不能太少，以免被迫近交。

（5）配种前检查　配种前要检查待配种兔的健康状况，只有体况良好，性欲旺盛，无传染性疾病或生殖系统疾病的公、母兔才可以进行配种。过肥或过瘦，年老或体弱者一律不能参加配种；种兔的生殖器官一定要仔细检查，凡是生殖器官有炎症的要先进行消炎治疗后，再根据恢复情况决定是否留用；外阴被污物污染的要冲洗、消毒后再进行配种，以免交配时将污物带入阴道引发感染。

（6）"嫁母配种"　即配种时将母兔移至公兔笼进行交配，不可将公兔放入母兔笼，以免突然改变环境，公兔应激而影响性欲。还要将公兔笼内的粪便、污物彻底清理干净，对损坏的笼底板进行修复，以免配种过程中发生意外。

（7）配种计划　现代规模化养兔应本着选种、选配原则，编制配种计划，并做好配种记录，保证完整的种兔系谱档案。

## 三、人工授精技术

人工授精技术是指利用特制的采精器械，采集优秀种公兔精液，经精液品质鉴定合格后，按照一定比例用稀释液进行稀释处理，再利用输精器械将定量的稀释后精液注入发情母兔生殖道内，使其妊娠的一种繁殖技术。

兔人工授精技术是肉兔生产中重要的繁育手段。自然交配情况下，种兔的公母比例为1：（8～10），而利用人工授精技术，一只公兔一次采集的精液经稀释后可以给10～20只母兔授精，和同期发情技术结合，1 只公兔可承担 100 ~ 200 只母兔的全年配种任务。种公兔的使用效率明显提高，能够减少公兔饲养量，降低饲养成本。同时人工授精技术的推广，能够摆脱种兔配种频率的约束，深入挖掘优秀种公兔繁殖潜力，加快品种改良速度，而且每次采精后的精液品质鉴定能够保证精液质量；自然交配情况下，完成一次配种需要数分钟到十几分钟，而利用人工授精技术，熟练的技术人员 1h 能够完成 200 只母兔的输精任务，大大提高了劳动效率；此外，人工授精技术避免了公、母兔的直接接触，可防止生殖器官疾病和其他传染疾病的传播，有利于保证整个兔群的健康状况，是现代工厂化养兔的发展趋势。

人工授精技术主要包括组装采精器、采精、精液品质鉴定、精液稀释、精液保存与运输、输精等步骤，下面将一一介绍。

**（一）组装采精器**

采精器包括假阴道外壳、假阴道内胎和集精瓶。采用专用定型产品，也可以自制。如果自制，可选择内径为 3 ~ 4cm，长度 6 ~ 8cm 的橡胶管做采精器外壳，用玻璃棒将避孕套插入管中，将避孕套开口端外翻包裹橡胶管，用橡皮筋固定。调整避孕套，使其与橡胶管服帖不扭曲，在避孕套和橡胶管中间注入 41 ~ 45℃温水，压力以内胎外口呈三角形并略有缝隙为宜。将避孕套末端剪开，外翻包裹橡胶管，用橡皮筋固定。集精杯可以使用与橡胶管内径匹配的青霉素小瓶，清洗干净，高压灭菌后，安装在采精器下端。

**（二）采精**

采精器放入恒温水浴锅中，保持 30 ~ 35℃水温。采精时利用母兔做台兔，将母兔放入公兔笼内，面朝笼门，操作者左手抓住母兔的双耳和颈部皮肤，右手迅速取出采精器，用力甩干内胎上的水分，接上集精杯。待公兔爬跨后，右手持采精器深入母兔腹下两腿间，采精器前端置于母兔外阴下方，食指要超过假阴道口，感觉公兔阴茎伸出的方向，迎合阴茎伸入采精器内，并完成射精。此时采精器向斜上倾斜 30 ~ 45°角度，绝不可以向下倾斜，以免精液流失。只要温度和压力适宜，公兔向前一挺，即表示射精。射精后公兔后肢蜷缩倒向一侧，并发出“咕咕”的叫声，表示射精结束。在公兔向前挺时，假阴道向公兔阴茎方向用力，可以多采精液。取下集精管，将采精器口朝上，以利精液流入集精管，取下采精瓶放置于集精瓶架上，并盖上瓶盖，做好标记。

**（三）精液品质检查**

采精后的集精杯迅速放至 30 ~ 35℃ 的恒温水浴中，待采精全部完成后，在 20 ~ 30℃ 的室温环境中统一检查。每次采精后都要对精液品质进行鉴定，以检查精液质量是否合格，并确定稀释倍数。检查指标主要有射精量、精液颜色、精子密度、精子活力、畸形率等。

（1）射精量　可根据集精杯刻度直接读取射精量，如果精液中混有果冻样的凝结物（副性腺分泌物）要先用吸管移除再读数。一般公兔一次的射精量为 0.2 ~ 2ml，平均约为 0.8ml。公兔射精量与年龄、季节、营养、性兴奋程度以及采精频率等因素有关。

（2）精液颜色　正常精液颜色为灰白色或乳白色，略带腥味，色泽浓而浑浊表明精子多，精子少的则颜色清淡，若呈黄色说明精液中有尿，呈棕色或红色说明精液中有血，若颜色发青色则可能有炎症。

（3）精子密度　正常公兔精子密度为 2.5 亿 ~ 6 亿个/ml。实际生产中采用目测法检查，通过观察显微镜视野中精子间隙大小及分布情况来判定，分为“+ + +、+ +、+、-”四个等级。“+++”指整个视野中充满精子，几乎看不到空隙；“++”指视野中精子间有相当于1个精子长度的明显空隙；“+”指视野中精子间空隙很大；“-”指视野中无精子。精子的密度不低于++方可输精。

（4）精子活力　精子运动有摆动、旋转、曲线或直线前进等四种运动形式，直线前进的精子活力最高。精液的活力就是通过显微镜观察直线活动精子占精子总数的比例来判定的。生产中只有活力在0.6以上的精液才可以用于人工授精。

（5）精子畸形率　精子的畸形率即显微镜下观察畸形精子数占观察精子总数的比例。畸形精子包括双头双尾、大头、小尾、无尾、无头、尾部蜷曲等形态精子，观察精子总数不应少于500个。伊红染色法染色后更容易观察。如果在精液中，畸形（或异常）精子超过正常值，不仅降低母兔受胎率，还有可能造成遗传障碍。

（6）精子保存能力　取少许精液保存在16℃水浴中，分别在保存了24h、48h和72h后，检测精子的存活率和畸形率。

**（四）精液稀释**

精液稀释不仅能够扩大精液量，增加输精母兔只数，充分发挥优秀种公兔繁殖潜力，还能给精子提供营养、中和副性腺分泌物对精子存活的有害作用，缓冲精液的酸碱度，从而延长精子的存活时间，保持精液品质。精液经品质鉴定合格后即可进行稀释处理，根据鉴定的精子密度和精子活力确定稀释倍数，一般稀释5~10倍。通常一只公兔精液稀释后可供10~15只母兔输精。稀释液制备时可以从市场上购买稀释粉，使用前按照说明现配现用，也可以自行配制，一般包括营养物质、缓冲剂和抗生素等。如果鲜精输精，可以使用生理盐水或5%的葡萄糖。

具体稀释操作是：先将稀释液在恒温水浴中加热至与精液温

度一致，稀释时将稀释液用一次性注射器沿倾斜的集精瓶内壁慢慢加入精液中，边加入边摇匀。遵循“三等一缓”原则，即等温（30～35℃）、等渗（0.986%）和等值（pH 值为 6.6～7.6）。切不可将稀释液直接冲向精液，影响精子活力。稀释液全部加入精液中后，平衡 0.5～1h，再次测定稀释后精液品质，活力达到 0.6 以上方可使用。注意不要在稀释后立即鉴定，以免因稀释液对精液产生的短暂不良影响而导致误判。

**（五）精液保存**

精液的保存可分为常温、低温和冷冻保存。现阶段我国的人工授精技术主要采用鲜精和常温的液态稀释精液，且最好现配现用。若必须保存使用，稀释精液要缓慢降至室温，在 15～25℃中可保存 24～48h，0～5℃时可保存数日。注意保存环境不得有有害气体，减少与空气的接触，避免让阳光和紫外线等直射精液。

兔精液冷冻保存是指利用干冰（－79℃）或液氮（－196℃）等作为冷却源，将精液经过特殊处理后，保存在超低温的状态下，达到长期保存精液的目的，一旦需要便可解冻用于输精。大多数冷冻液选用卵黄、乙酰胺、Tris、磷酸二氢钾、柠檬酸、或者 DMSO 作为冷冻保存剂。家兔的精子比较脆弱，经过低温冷冻后，顶体容易脱落而失去授精能力。因此，与鲜精相比，冻精的使用存在产仔率低、精子畸形率高等问题，因此，家兔冷冻精液我国目前尚未在生产中真正应用。

**（六）输精**

输精是采用特殊器械将定量的稀释后精液注入母兔生殖道的特定部位，操作的得当与否直接关系到人工授精的成败。由于家兔属于刺激性排卵动物，而人工授精没有公兔的交配刺激，为保证受胎率，输精前要做促排卵处理，通常在临输精时肌内注射促排3号（LRH-A3）0.25～0.5μg/只。

规模化兔场肉兔商品生产时，输精器多用专用输精枪，先将稀释后的混合精液倒入输精瓶中，装载到输精枪上，设置输精剂量，通常每只兔输精0.4～0.5ml，输入精液的有效精子数在2000万～4000万个。如使用普通输精管或长滴管，直接吸取精液0.4～0.5ml。助手左手抓住母兔双耳及颈部皮肤，右手抓住臀部，将母兔倒提。输精人员先用冲洗液擦拭外阴，然后一手拇指和食指将母兔尾根外翻，充分暴露阴户，另一只手持输精器沿着阴道壁偏脊背方向缓慢插入，遇阻时不可盲目用力，调整方向直至插入7～9cm（根据母兔体型大小决定输精深度）。边退出边缓缓注入精液。也可以将母兔放置在平面上，一人保定，输精人员一手抓住母兔臀部，拇指夹住尾根提起，使其后躯离开平面，与水平面大约呈60°角，进行输精，输精完成后缓慢将输精枪拔出，并顺势在母兔臀部轻拍一下。每输精一只母兔要更换一根输精管。

## 四、妊娠诊断技术

妊娠诊断技术就是在母兔配种后一定时期内检查母兔妊娠情况的一项技术，一般在配种后10d左右进行。通过检查确定母兔妊娠与否，安排分群管理。已经妊娠的母兔就要加强饲养管理，做好保胎、接产工作；没有妊娠母兔则要抓紧时间安排补配，减少母兔空怀期，以缩短产仔间隔，提高种兔终生产仔数。科学及时地进行母兔妊娠诊断是提高种兔繁殖性能，保障养兔经济效益的重要环节。主要包括以下几种诊断方法。

### （一）摸胎法

用手轻触母兔腹部，以判断是否受孕的方法称为摸胎法。摸胎法操作简单，准确率高，是鉴定母兔妊娠的最常见方法。一般在配种后 8 ~ 10d，清晨饲喂前空腹进行，初学者可在母兔配种后 12 ~ 14d 进行，以保证鉴定准确。

摸胎时将母兔从笼中取出，放于平面上，头朝操作者，操作者一手抓住母兔双耳及颈部皮肤，固定母兔，另一只手呈“八”字形分开，手心向上，伸到母兔的腹下，自前向后按摩腹部，胎位在腹后部两旁。怀孕母兔可摸到腹内有似花生米大小的、可滑动的、肉球样质地的物体，即胚胎。否则腹内柔软则未受孕。初次摸胎很容易与粪球混淆，应注意加以区分。粪球位于前腹部，呈不规则而广泛的串状排列，表面粗糙，无弹性，指触没有流动感。而胎儿位于后腹部呈较规则的堆状排列，表面光滑，有弹性，柔软的椭圆形，指触时会有流动感。检查过程中，往往需由前向后反复触摸，注意摸胎动作要轻，不要将母兔提离地面，更不要用手指去捏数胚胎数。配种 15d 后应少摸，以免造成流产。

**（二）观察法**

母兔怀孕后食欲增强，采食量增加，行为安静、温顺，行走谨慎安稳，很少跳跃；怀孕中后期体重增加明显，腹围增大。由于母兔的外部表现多在怀孕中、后期才会比较明显，很难在妊娠早期做出准确判断，而且母兔假孕情况下也会出现上述表现，容易干扰诊断。所以观察法常作为妊娠早期诊断的辅助或参考。

**（三）称重检查法**

根据母兔的体重情况判断母兔怀孕与否的检查方法。依据配种时母兔的体重记录，在配种后 15d 时再次称重，两者比较若增重明显则视为怀孕，增重不明显则表明为空怀。这种方法简单直观，但由于母兔个体差异，准确率较差。

**（四）复配法**

通常在母兔配种后 5 ~ 7d，将母兔放入原配公兔笼中进行复配，若母兔躲避，或卧地掩臀，拒绝公兔接近和爬跨，并发出

"咕咕"的呻吟声，则视为怀孕；若接受公兔交配则视为未孕。这种检查方法虽然有一定的理论依据，但生产实践中，存在误差和危险性。首先未怀孕母兔由于营养、疾病或者环境应激等原因有可能不接受交配，而怀孕母兔也有可能接受复配，容易造成误诊。其次怀孕母兔在躲避公兔爬跨过程中容易发生意外，造成流产，故此法不建议在生产中使用。

**（五）其他方法**

在家兔的早期妊娠诊断方法中还有超声诊断、乳汁或血浆雌激素和妊娠特异性蛋白分析以及现场测定试剂盒等方法，准确率高，但需要专门设备和专业检测人员，在生产中应用较少。

## 五、分娩与接产技术

母兔的妊娠期为29～33d，妊娠期末胎儿在母兔体内发育成熟，产出体外的过程叫做分娩，一般情况下母兔自身可以完成整个分娩过程，将胎儿产出。在人为的辅助和照料下，母兔顺利产下仔兔的技术为接产技术。

**（一）产前准备**

母兔分娩前3d和产后5d为家兔的围产期，进入围产期后就要开始为母兔的分娩做准备工作。一般在产前2～3d安装产箱，产箱要提前清理干净，消除异味，在烈日下暴晒或火焰喷灯消毒。垫草可以用稻草、新鲜的刨花或压扁的麦秸等材料，用之前剪成5～10cm长小段铺于产箱底。注意尽量不用坚硬粗糙的垫草，以免扎伤仔兔。

**（二）常规分娩**

妊娠后期母兔乳房肿胀，外阴潮红、湿润；产前1～3d食欲减退，采食量明显下降，甚至停食，经产母兔会在这时衔草做窝，部分初产母兔没有这些行为；产前6～24h开始拉毛筑巢，用嘴将腹部、胸部的毛拉下来垫在产箱里，产前拉毛是母兔即将分娩的信号；临产前精神不安，频繁出入产箱。分娩时母兔先用嘴舔舐外阴，在体内催产素的作用下，子宫平滑肌收缩，子宫颈扩大，母兔弓背努责，随着子宫平滑肌收缩频率和强度的增加，子宫颈完全张开，排出羊水，胎儿随即产出。母兔立即咬断脐带并将胎衣和胎盘吃掉，舔去仔兔身上的黏液和胎膜。此时仔兔便寻找乳头开始吃奶，由于仔兔的吮吸刺激，母兔体内催产素进一步释放，产仔速度加快。当母兔臀部稍稍抬起时，又会产下一个胎儿，直至生完。母性好的母兔一边分娩一边哺乳，胎儿全部产出不久，也已将仔兔喂饱，然后跳出产箱，分娩结束。

一般情况下，母兔每 2 ~ 3min 产下一个胎儿，全部产完需要 15 ~ 30min。

**（三）人工诱导分娩技术**

生产实践中，大部分母兔都能自行分娩，顺利产出健康仔兔，但个别母兔会出现因产力不足无法正常分娩，或超过预产期而没有分娩迹象等情况。据统计，母兔分娩时间 50% 以上在夜间，常因分娩时得不到及时护理而出现仔兔冻伤、遭受鼠害甚至母兔由于缺水或饥饿而食仔等现象。解决这些问题的有效措施就是采取人工诱导分娩的方法，帮助母兔产仔。人工诱导分娩技术就是在母兔妊娠末期，体内胎儿发育成熟后，采用外源激素或其他诱导措施，诱发母兔提前产仔的技术。采用诱导分娩技术，使母兔在白天或预定时间内集中产仔，能够有效减少仔兔的意外死亡，并且降低人工劳动强度。与同期发情技术和人工授精技术相结合，能够大大提高生产效率，促进肉兔的规模化、集约化生产。

诱导母兔定时分娩主要通过物理措施和激素手段完成。物理措施可以按以下步骤进行。首先拔掉母兔乳头周围被毛，然后选择5～7只产后5～8d的仔兔吸吮母兔乳头5min，再轻轻按摩母兔腹部1min，通常半小时内分娩。激素诱导分娩法通常在母兔妊娠第30天的下午，臀部注射缩宫素3～5IU，一般在15min左右顺利分娩。

**（四）注意事项**

①拉毛是母兔的母性使然，当遇到不拉毛母兔时，要人工辅助诱导母兔拉毛，实践证明，母兔产前拉毛越多，分娩越顺利，产后母性越好，奶水越足。

②母兔夜间产仔时应及时护理，防止仔兔窒息、冻死、掉进粪沟或被母兔踩踏等意外的发生，若在白天要保持安静，禁止大声喧哗和旁人围观。

③遇到分娩过程中产力不足或出血较多的难产母兔要及时处理，一般紧急注射3～5IU催产素，可在15min内辅助母兔产仔。

④母兔产仔后及时清理被污染的垫草和死胎，换上干燥的新垫草。冬季要适量垫厚，以利于仔兔保温。

## 六、提高繁殖力的方法

种兔的繁殖力主要通过受胎率、产仔率、产活仔率、断乳成活率等指标体现。养兔效益的高低在于最大限度地出栏质优量多的商品兔，而要达到这个目的，首先要有较高的种兔繁殖力和仔兔成活率。

影响肉兔繁殖力的因素众多，如品种、年龄、营养水平、配种制度和饲养管理、环境以及生殖疾病等。根据家兔生殖生理特点，通过选择优良肉兔品种、加强饲养管理、适宜的配种时间和配种方法，可显著提高肉用种兔的繁殖力。

**（一）选择优良种兔**

繁殖力的高低更多依赖于遗传因素。种兔是繁殖的主体，种兔的优良与否直接影响到其繁殖性能的体现。

（1）根据当地气候、环境特点，以及兔场的饲养条件选择适宜的肉兔品种　如新西兰肉兔只有在较高的饲养条件下才能发挥其优良的生产性能和繁殖性能，如果条件恶劣，尽量选择耐粗饲品种或地方品种。

（2）严格筛选种兔，以建立健康、优良的种兔群　种公兔要求体质健壮、品种特征明显、性欲旺盛、生殖器官发育良好、睾丸大而匀称且精子活力好、密度大。单睾、隐睾或患有生殖器官疾病（如梅毒等）的公兔不能留作种用；母兔要求体质健壮、健康无病、性欲旺盛、乳头4对以上、母性好、生殖器官发育良好，凡屡配不孕、卵巢囊肿、子宫发育不全或患有其他生殖疾病的母兔不能留作种用。除了个体指标筛选，还要通过详细的配种、受胎、分娩等生产记录，统计其繁殖性能，累计受孕率低于50%的公兔和产仔少、受胎率低、母性差、泌乳性能不好的母兔要毅然淘汰。

（3）把握种兔利用年限　我国传统养兔的种兔利用年限，一般公兔2～3年，母兔2～3年或者12胎次。年龄过大性活动机能下降，产仔能力降低，而且所生后代品质不佳。因此要及时淘汰老龄兔，补充适龄的优良种兔，保持较高的繁殖力。但在现代工厂化养兔条件下，种兔的利用时间显著缩短。发现种兔不具有繁殖潜力，在2胎时即可淘汰。由于采用半频密繁殖技术，平均种兔的利用年限不足1年。也就是说，工厂化养殖条件下，种兔的年淘汰率在100%左右。

### （二）合理的营养供给

种兔日粮的供给要保证营养水平的量和质，量指能够满足种兔生长繁殖需要的营养，质则要求营养均衡全面。只有充足均衡的日粮营养才能够保证家兔繁殖性能的发挥。营养水平过低时种兔瘦弱，造成与生育有关的激素和因子分泌紊乱，性成熟推迟。母兔发情周期延长或不发情；公兔精子活力降低。营养过剩时种兔过肥，脂肪沉积包裹内生殖器官，容易造成母兔卵巢发育不良，排卵受阻，空怀不孕；也会影响公兔睾丸内精子的生成，降低精液品质。母兔不同生理阶段对营养的需要量不尽相同，妊娠早期需限制饲喂，否则营养水平过高，胚胎不易着床，或着床胚胎死亡，妊娠后期需要充足营养以满足胎儿发育，否则容易造成死胎或流产，哺乳期需要充足营养以提高母兔泌乳力、促进仔兔生长发育、增大断奶体重、提高断奶成活率。

通常妊娠母兔的适宜营养水平为：消化能 10.46MJ/kg，粗蛋白质 16.5%，粗纤维 12% ~14%，粗脂肪 3%，钙 0.7% ~0.8%，磷 0.4% ~0.5%；哺乳母兔适宜的营养水平为：消化能 11.72MJ/kg，粗蛋白质 17% ~18%，粗纤维 12% ~14%，粗脂肪 3%，钙 1%，磷 0.5% ~0.7%。种公兔的营养水平参考妊娠母兔即可。

**（三）适宜的环境**

适宜、舒适的环境有助于种兔繁殖潜力的最大发挥，而恶劣的环境条件会诱发种兔的繁殖障碍。影响种兔繁殖性能的环境因素主要有温度、光照、噪声、空气质量等。其中，温度和光照对种兔繁殖有直接影响。家兔惧怕高温，提高繁殖性能，必须创造四季适宜的温度环境（15 ~25℃），尤其是种公兔；光照对生长和繁殖影响很大。不同生理阶段对光照的需求不同。种母兔配种前光照不足，不足以启动发情，因此在配种前 7d，每天提供 16h，60 ~80lx 的光照是理想的。而种公兔无须如此长的光照，一般每天 12h 即可。后备种兔若光照过长过强，会加速性成熟，影响以后的繁殖性能，因此适宜短光照。家兔胆小怕惊，尤其是在妊娠期和泌乳期，对噪声尤其敏感。保持稳定的繁殖效果，时刻提供安静的兔场环境，是生产必须具备的条件。

**（四）规范的繁殖模式和管理措施**

（1）公母兔比例和使用强度　本交情况下，公母比例一般为1∶10左右，人工授精条件下的兔场，一般公母比例1∶(50~200)；公兔的配种一般一天1~2次，连续配种2d，休息1d。

（2）掌握四季繁殖技术　充分利用繁殖黄金季节——春季，控制好夏季（高温期）和争取秋季（换毛季节和高温应激延续期），创造条件冬繁。

（3）把握配种技术　首先，控制初配时间，一般掌握达到成年体重的70%以上；第二，利用重复配种技术。即在母兔的一个发情期，用同一只公兔交配两次；第三，利用双重配种技术。商品生产条件下，母兔一个发情期用两种公兔各交配一次。

（4）合理繁殖制度　包括：频密繁殖、半频密繁殖和延期繁殖三种形式。频密繁殖是利用母兔产后普遍发情的特性，在母兔产后1~3d内进行配种的模式，又称为“血配”；半频密繁殖是在母兔产后11~12d（42d繁殖模式）或18~19d（49d繁殖模式）时进行配种；延期配种是在仔兔断奶后再进行配种。根据每个兔场的具体情况，采取合理的繁殖制度，或三种模式灵活运用，以提高繁殖效率和效果。

**（五）先进的繁殖技术**

先进的繁殖技术包括，发情控制技术、超数排卵技术、人工授精技术、人工诱导分娩技术等。在控制种母兔同期发情的基础上，采用人工授精技术能够提高母兔受胎率，做好妊娠诊断，妊娠母兔加强护理，减少流产、死胎率，未孕母兔及时补配，减少空怀期，缩短胎次间隔，采用诱导分娩技术，提高母兔产仔率和初生仔兔品质，保障断乳成活率。以上种种技术综合实施能够极

大地提高种兔的繁殖力。

**(六) 预防疾病**

影响种兔繁殖性能的疾病主要包括生殖系统疾病，如公兔生殖器官缺陷，无精、死精或精子活力（或密度）低等功能不全疾病；母兔生殖道感染引起的卵巢、输卵管、子宫、阴道和外阴炎症、子宫积脓等。普通疾病包括脚皮炎、体内外寄生虫病和代谢性疾病。传染性疾病主要有以妊娠母兔流产为主要特征的沙门氏菌病和李斯特氏菌病、密螺旋体病（兔梅毒）等。此外，一些中毒性疾病，如黄曲霉素中毒、喹乙醇等药物中毒，在生产中也比较多见，对于种兔的繁殖影响较大。预防以上疾病一方面要对种兔严格检查，病兔坚决淘汰，另一方面规范配种程序，采取严格消毒措施，如人工授精时所有器械都要彻底消毒；第三，严格控制药物使用，严格饲料质量控制，给种兔提供优质安全高效的饲料。

## 第四节　肉兔的营养需要和饲养标准

### 一、肉兔的营养需要

肉兔的营养需要是指肉兔在维持生命活动和生产过程中，对蛋白质、能量、脂肪、纤维、维生素、矿物质、微量元素和水等营养物质的需要量。一般用每日每只家兔需要这些营养物质的绝对量，或每千克日粮（自然状态或风干物质或干物质）中这些营养物质的相对量来表示，包括维持需要和生产需要。掌握肉兔的营养需要是制定肉兔饲养标准、科学设计饲料配方的重要依据。

### （一）能量

严格意义上讲，能量不属于饲料的营养物质，但蕴含在营养物质之中。家兔营养物质的代谢必然伴随着能量代谢，饲养效果与能量水平密切相关，即能量水平直接影响生产水平。

1. 能量的来源与转化

能量是由蛋白质、碳水化合物和脂肪在体内经过生物氧化等一系列过程转化而来，其中碳水化合物占饲料总量的70%，是提供能量的主要营养物质。能量并不能全部被肉兔利用，其中一部分转化为粪能、尿能和体增热等排出体外，剩余的净能一部分作为维持能量需要，保证肉兔正常的生命活动，另一部分则转化为生产能用于生长、育肥、繁殖、产毛、泌乳等活动。

2. 肉兔能量需要量

肉兔的能量需要量受性别、年龄、营养状况、日粮结构以及环境等因素的影响。日粮纤维水平高时，影响能量的消化率，会使消化率显著降低；肉兔的最适温度为15～25℃，临界温度下限为5℃，上限为30℃，超出此范围后就要动用更多的能量以维持正常体温，因而能量需要量增加。

（1）维持需要　是指家兔在既没有进行生产活动，又保持体重不变，为了保持身体健康进行有限的非生产性生理活动的营养需要。这些非生产性的生理活动主要包括呼吸、血液循环、心脏跳动、胃肠蠕动、起卧行走、机体组织更新、酶与激素的分泌、体温维持恒定等一些基本的生理活动。

家兔的维持需要与体重（W）的0.75次方成正比，通常将$W^{0.75}$称为代谢体重。维持能量需要受肉兔性别、年龄、生理阶段和环境等因素的影响。据报道，新西兰白兔在生长期、空怀期、妊娠期、泌乳期的每千克体重维持需要量分别为0.49MJ、0.33MJ、0.36MJ和0.52MJ。金岭梅等报道，环境温度为20℃和

30℃时，生长期新西兰母兔每天每千克代谢体重代谢能维持需要分别为0.396MJ和0.361MJ。

(2) 生产需要　包括生长需要、泌乳需要、繁殖需要、产毛需要等。

①生长的能量需要。是指家兔在生长过程中增加的体组织中含有的能量除以饲料消化能的利用率。据测定推算出1kg体重的新西兰生长兔每天增重30g（0.03kg）所用于生长的消化能为0.55MJ。

②妊娠需要。主要指母兔在妊娠期间胎儿、子宫、胎衣等中沉积能量和母兔自身能量沉积所需要的能量。据测定体重4kg的妊娠母兔每天的用于妊娠的能量需要为0.135MJ（妊娠前期）和0.768MJ（妊娠后期）。

③泌乳需要。泌乳的能量需要主要取决于母兔泌乳量和所哺育仔兔的多少。一般新西兰泌乳母兔，按每天泌乳180g计算，每千克体重泌乳的能量需要为0.505MJ。

④产毛需要。据报道，一只年产2000g兔毛，体重4000g的产毛兔平均每天的产毛能量需要为0.61MJ，对于肉兔来说可以忽略不计。

当日粮能量水平稍低时，肉兔通过增加采食量，摄入足够的能量。若饲粮中能量水平过低，而肠道容量毕竟有限，不能满足机体能量需要的情况下，机体会分解体脂和体蛋白供能。严重时会因体脂分解过多导致酮血症，体蛋白分解多而致毒血症，危及生命。

饲料中能量水平过高会对肉兔生长产生诸多负面影响。首先，能量水平过高，肉兔脂肪沉积而过肥，对繁殖母兔来说，体脂过高对雌性激素有较大的吸收作用，从而损害繁殖性能。公兔过肥会造成配种困难等不良后果。其次，能量水平高，多是由于谷物饲料比例过大，大量易消化的碳水化合物由小肠进入大肠，会增加大肠的负担，出现异常发酵，轻则引起消化紊乱，重则发生消化道疾病。另外，能量水平过高，肉兔采食量减少，使得蛋白质、氨基酸、矿物质、维生素等营养物质摄入不足，而影响正常的生长发育和繁殖。

**（二）蛋白质**

蛋白质是生命活动的物质基础，是构成兔体皮肤、肌肉、内脏、血液、神经、结缔组织、酶、激素、抗体、色素、精子、卵子等的主要组成成分，又是体组织再生、修复的必需物质，还是兔产品的原料，在兔肉中含量为22.3%，兔奶中含量为13%～14%。蛋白质是家兔体内除了水分以外含量最多的营养物质，成年兔体内含蛋白质约为18%，以不含脂肪干物质计，其蛋白质含量为80%。

蛋白质的基本组成单位是氨基酸。能在体内合成，且合成的数量和速度能够满足家兔的营养需要，不需要由饲料供给的氨基酸称为非必需氨基酸。而在家兔体内不能合成，或者合成的量不能满足家兔的营养需要，必须由饲料供给的氨基酸称为必需氨基酸。必需氨基酸有：精氨酸、组氨酸、胱氨酸、异亮氨酸、蛋氨酸、苯丙氨酸、苏氨酸、色氨酸、缬氨酸、亮氨酸、赖氨酸、甘氨酸12种。其中，赖氨酸、蛋氨酸是饲料中最易缺乏的氨基酸，故又被称作限制性氨基酸。

蛋白质品质的高低取决于氨基酸的种类和数量。当蛋白质所含的氨基酸的种类、含量以及氨基酸之间比例与家兔所需要的相吻合，即氨基酸间达到最佳平衡时，为理想蛋白质。理想蛋白质的氨基酸平衡模式最符合动物的需要，因而能最大限度地被利用。

（1）蛋白质的消化代谢　饲料中的蛋白质被家兔食入后，

在胃中胃液作用下发生变性，再被胃蛋白酶降解为蛋白脒和蛋白胨，连同未被消化的蛋白进入十二指肠后被胰蛋白酶分解成多肽，再被肠蛋白酶分解为氨基酸。氨基酸和部分寡肽（2～3个氨基酸）被小肠壁吸收进入血液，运送到机体各组织器官的细胞中用于合成体蛋白或其他含氮化合物。小肠中未被消化的蛋白质进入大肠，在盲肠微生物的作用下降解为氨基酸和氨，部分再被合成为菌体蛋白，随软粪排出体外，被兔采食后再次被消化利用。

（2）蛋白质需要量

①维持需要。蛋白质的维持需要量是在非生产状态下（不产毛、不繁殖、不生长等）摄入的氮及通过各种途径（粪、尿、体表等）排出的氮达到平衡时氮的摄入量，乘以6.25（蛋白质的平均含氮量16%）转换成粗蛋白质表示。据测定，每只肉兔每日需要8～12g粗蛋白质。

②生长需要。家兔不同的品种及不同的生产性能对于蛋白质的需要量是不同的，多数试验表明，在自由采食条件下，蛋白质保持在15%～16%，必需氨基酸平衡的日粮可满足生长兔对蛋白质的需要量。

③妊娠和泌乳需要。试验表明，妊娠母兔的日粮蛋白质水平保持在15%～16%可满足要求。日粮蛋白质低于13%时，母兔妊娠期失重，胎儿发育不良；而高于17%，死胎率有增加的趋势。对于泌乳母兔，16%的蛋白水平可获得满意的效果，蛋白水平提高到18%，有增加产奶量的趋势。

蛋白质不足或品质较差时，饲料消化率下降，体蛋白合成受阻，肉兔体重下降，生长停滞，严重时还会破坏生殖机能，受胎率降低，产生弱胎、死胎，对神经系统也有影响，引起各方面的阻滞更无法自行恢复。

当蛋白质供应过剩和氨基酸比例不平衡时，在体内氧化产热，或转化为脂肪贮存在体内，不仅造成蛋白质的浪费，而且使蛋白质在胃肠道内被细菌引起腐败，产生大量的胺类，增加肝、肾的代谢负担，引起消化紊乱，甚至中毒。因此，生产过程中根据肉兔的蛋白质需要合理搭配日粮，保证蛋白质水平和氨基酸平衡非常重要。

（3）对饲料蛋白质的利用率　肉兔对蛋白质的消化率受蛋白质的种类、纤维素的水平、加热处理、蛋白酶抑制因子等因素的影响。蛋白质种类不同，消化率也不同，如羽毛粉含蛋白质86%，但仅有30%～40%可以被消化；而豆粕的蛋白质含量只有40%～47%，但其消化率可达到79%以上；日粮粗纤维水平过高，会降低蛋白质的消化吸收；过度加热会降低蛋白质的可消化率；此外，很多农副产品含有蛋白酶抑制因子，会使蛋白质消化率降低。如马铃薯含糜蛋白酶抑制因子，生大豆含胰蛋白酶抑制因子，加热熟化后，蛋白酶抑制因子被灭活，蛋白质的消化率提高。

家兔对不同饲料蛋白质的消化率一般在55%～85%。比如，青干草55%、棉籽饼60%、红三叶草粉66%、鲜黑麦草68%、苜蓿草粉70%、鲜苜蓿82%～86%、豆饼75%、麦麸83%、玉米84%、大麦85%。

**（三）碳水化合物**

碳水化合物是构成体组织的重要成分，是机体热能的主要来源，在体内可转变为糖原和脂肪，贮备于肝脏和肌肉中备用。饲料中的碳水化合物按营养功能分为两类：一是可被动物肠道分泌的酶水解的碳水化合物，以淀粉为主；二是只能被微生物产生的酶水解的碳水化合物，以纤维素为主。

（1）淀粉　家兔唾液中缺乏淀粉酶，因而口腔中很少发生酶解作用。淀粉在胃内经过初步消化后进入小肠，十二指肠是淀粉的主要吸收部位，在α-淀粉酶的作用下被分解为麦芽糖、异麦芽糖和糊精，再由二糖酶彻底分解为单糖而被吸收。

淀粉在消化道中可被完全消化，一般情况下家兔粪中淀粉含量极少。主要的消化吸收部位在小肠，胃和大肠中也能进行部分降解，但成年家兔盲结肠所发酵淀粉只占采食淀粉的少部分，过量的淀粉进入盲肠后经过发酵会影响盲结肠内微生物活性和稳定性，诱发家兔发生消化道疾病。据报道，断奶后家兔的死亡率随淀粉采食量升高而显著升高，这与不同纤维来源也有关。Maertens（1992）建议日粮淀粉最大量为135g/kg（风干基础）。

（2）粗纤维　粗纤维是植物细胞壁的主要成分，根据化学成分不同又分为纤维素、半纤维素和木质素。尽管家兔对纤维素的消化能力不及牛、羊等反刍动物，但饲料中适量的粗纤维对肉兔的消化生理有重要作用。纤维素可通过家兔盲肠中的微生物发酵为机体提供能量，能够促进消化系统发育，增强肠道蠕动，促进营养物质的消化吸收、粪便的形成和排出。

①粗纤维的消化代谢。家兔体内不分泌纤维素酶，所以纤维的消化只能依靠盲肠中的微生物。在盲肠微生物的作用下，粗纤维经过复杂的分解过程转化为挥发性脂肪酸。根据谷子林的研究，在12%的粗纤维日粮条件下，生长兔盲肠内挥发性脂肪酸的比例约为：82.73%乙酸，6.0%丁酸，10.0%丙酸，其他1.27%。这些挥发性脂肪酸被盲肠黏膜细胞吸收进入血液，或代谢供能或在乳腺中合成乳脂或在肝脏中合成葡萄糖，提供糖原，未经分解的粗纤维则同粪便一起排出。

②粗纤维需要量。肉兔的纤维营养多以粗纤维为衡量指标。粗纤维是一个笼统的概念，而不是一种化学成分。不同饲料的粗纤维含量可能相同，但化学组成会有较大差异，所以关于家兔对

粗纤维的需要量研究不尽相同。笔者研究认为，肉兔的适宜粗纤维水平为：生长兔 12% ~14%、空怀兔 15% ~18%、妊娠兔 14% ~16% 和泌乳兔 12% ~14%，张力等总结前人结果，推荐量分别为生长兔 8% ~14%、空怀兔 14% ~20%、妊娠兔 14% 和泌乳兔 10%，而 NRC 推荐量分别为生长兔 10% ~12%、空怀兔 14%、妊娠兔 10% ~12% 和泌乳兔 10% ~12%。与国外相比，不难发现，我国推荐量普遍偏高，这与兔场的饲养环境和管理水平有重要关系。

根据范氏分析方法，把纤维成分进行细化成中性洗涤纤维、酸性洗涤纤维和酸性洗涤木质素。关于肉兔对不同纤维成分的需要量，山东农业大学李福昌教授的科研团队的研究结果如表 3 -1。

**表 3 -1 肉兔对纤维成分的需要量**

| 指标 | 生长肉兔 | | 妊娠母兔 | 泌乳母兔 | 空怀母兔 | 种公兔 |
|---|---|---|---|---|---|---|
| | 断奶~2 月龄 | 2 月龄~出栏 | | | | |
| 粗纤维（%） | 14.0 | 14.0 | 13.5 | 13.5 | 14.0 | 14.0 |
| 中性洗涤纤维（NDF,%） | 30~33 | 27~30 | 27~30 | 27~30 | 30~33 | 30~33 |
| 酸性洗涤纤维（ADF,%） | 19~22 | 16~19 | 16~19 | 16~19 | 19~22 | 19~22 |
| 酸性洗涤木质素（ADL,%） | 5.5 | 5.5 | 5.0 | 5.0 | 5.5 | 5.5 |

粗纤维水平过高或过低都会引起肉兔消化道不适。粗纤维含量过低，不仅使盲肠内正常的微生物区系和盲肠的正常内环境遭到破坏，而且容易发生腹泻。所以通过提高营养水平（降低纤维，提高能量和蛋白比例）来促进兔肉的生长，不仅不能实现，还会引发腹泻和肠炎，造成大批死亡。当纤维含量过高时同样会

对肉兔的生长产生不利影响，能量摄入不足，逐渐瘦弱，当粗纤维含量高于20%时，可能引起盲肠梗死。所以，日粮的粗纤维含量要根据兔场的饲养环境、管理水平、原料特性等实际情况维持在一个适宜的范围内。

**（四）脂肪**

脂肪是构成机体组织的重要成分，是肉兔生产和组织修复的必需物质。它具有提供热能，贮备能量，隔热保温，支持保护脏器和关节的作用。还是脂溶性维生素的溶剂，维生素A、维生素D、维生素E、维生素K只有溶解于脂肪中才能被家兔吸收利用。此外，饲料中添加一定的脂肪，可提高饲料的适口性，有助于饲料的压粒成型。机体所需脂肪主要由饲料中的脂肪、碳水化合物和蛋白质等转化而来。

家兔能较好地利用植物性脂肪，消化率一般在80%左右，但对动物性脂肪利用较差。饲料中的脂肪进入胃中后，在机械作用下与其他营养物质分离，经过胃和十二指肠中的初步乳化和胆盐的乳化，形成脂肪微粒，在胰脂肪酶的作用下分解为甘油一酯和脂肪酸。甘油一酯和脂肪酸被吸收后在肠道黏膜内重新合成甘油三酯，并重新形成乳糜微粒后运往全身各组织。在肝脏中，用以合成机体需要的各种物质，或在脂肪组织中贮存起来。

日粮中脂肪含量不足时，肉兔发育不良，生长受阻，皮肤干燥，掉毛，性成熟晚，睾丸发育不良；受胎率低，产畸形胎儿。脂肪过多，会造成食欲减退，消化不良、过肥和不孕等。通常兔日粮中脂肪含量达2%～3%即可。

实际生产中，大多以玉米为主要能量原料，日粮中的脂肪含量一般可满足家兔的营养需要，而且脂肪的价格较高加上非食用脂肪的质量难以保证，所以饲料中很少额外添加脂肪。据调查，我国家兔饲料，无论是中小规模兔场的自配饲料，还是众多的商品饲料，其能量均难以达到家兔营养标准。因此，在家兔饲料中添加适量的脂肪，对于提高饲料的能量水平，提高饲料转化效率和促进生长，改善颗粒饲料质地，均具有良好效果。

（五）矿物质

矿物质是家兔体内除碳、氢、氧、氮以外其他各种元素的统称，是一类无机的营养物质，包括常量元素和微量元素两大类。常量元素主要有钙、磷、钾、钠、氯、镁和硫，占兔体矿物质总量的 99.95%。微量元素主要包括铁、锌、铜、钼、锰、钴、硒、碘等，共占兔体矿物质总量的 0.05%。其主要作用是作为机体结构的组成部分，调节渗透压，保持体内酸碱平衡，参与神经肌肉的兴奋性传导，是许多生物活性物质如酶、激素、维生素的组成成分。

钙：是构成骨骼和牙齿的主要成分，对维持神经和肌肉兴奋性、凝血酶的形成以及维持体内酸碱平衡起重要作用。钙的吸收和利用受到维生素 D 的调节，肉兔日粮中适宜的钙水平是生长兔 0.5% ~1%、泌乳母兔 1% ~1.2%。家兔可以耐受高水平的钙，超出自身需要的钙会通过肾脏随尿排出体外，很少因为钙水平过高产生负面影响。肉兔缺钙主要导致佝偻病和骨质疏松症等骨骼病变，还会导致眼球水晶体混浊、痉挛、母兔产后瘫痪、泌乳期跛行等。豆科牧草中含有较多的钙，骨粉、磷酸氢钙、石粉和贝粉等是主要的钙补充料。

磷：也是骨骼和牙齿的主要成分，以磷酸根的形式参与体内代谢，对维持机体的酸碱平衡起重要作用。日粮中适宜的磷水平为 0.4% ~0.6%，缺乏时会表现食欲减退，生长缓慢，骨骼质脆易折，佝偻病和骨质疏松症。理想的钙磷比例为 2∶1，在高钙，且钙、磷比例 1∶1 或以上时，能忍受高磷 1.0% ~1.5%，过多的磷由粪排出。

镁：是骨骼和牙齿的重要成分，作为酶的辅助因子参与机体代谢，能维持神经、肌肉的正常机能。日粮中镁的含量在0.25%～0.75%即可满足需要。缺镁会导致过度兴奋而痉挛，幼兔生长停滞，毛皮粗劣，严重缺乏时会发生脱毛或“食毛癖”。补充镁后，情况缓解。一般植物性饲料中所含的镁能够满足需要，家兔很少发生缺镁症。

钠和氯：主要存在于细胞外液，参与维持体液酸碱平衡和水的代谢，并具有刺激唾液分泌，增强食欲的作用。由于植物中钠元素普遍不足，必须在日粮中予以添加，食盐水平以0.5%左右为宜，缺乏时幼兔生长受阻，食欲减退，出现异食癖；但含量超过1%时，会抑制兔的生长，当饮水受到限制时，采食过量食盐会引起中毒。

钾：主要存在于细胞内，与钠和氯协同保持体内的正常渗透压和酸碱平衡。日粮中适宜的钾含量为0.6%～1.0%。植物性饲料中含钾多而钠和氯少，很少发生缺钾现象。

硫：在兔毛中含量最多，作为含硫氨基酸、生物素和硫胺素的组成成分，广泛参与机体的蛋白质代谢、脂类代谢和碳水化合物代谢等。家兔能利用硫酸盐中的硫，并且植物性饲料也含有一定的硫，所以家兔一般不会缺硫。但是，在被毛生长期、换毛期和母兔泌乳高峰期，需要较多的含硫氨基酸，应该注意补充。据报道，饲料中加入1%左右的硫黄，以及其他硫酸盐（如硫酸钠、硫酸钙等），对于促进家兔增重，预防吃毛症，有一定效果。

铁：动物体内的铁有60%～70%存在于血红素中，是血红蛋白、肌红蛋白以及多种氧化酶的组成成分。缺铁的典型症状是低色素红细胞性贫血，表现为体重减轻，食欲减退，倦怠无神，黏膜苍白、腹泻。一般日粮中铁含量在50～100mg/kg即可满足需要。由于饲料中含量丰富，而且兔的肝脏有很大的贮铁能力，家兔一般不会缺铁。

铜：铜作为酶的成分在血红素和红细胞的形成过程中起催化作用。缺铜会使血红细胞的寿命缩短，铁的吸收利用率降低，而造成家兔贫血，生长受阻，典型症状是脊柱下垂，被毛变灰色。家兔日粮中铜含量在5～20mg/kg为宜。据报道，125～200mg/kg的铜有促进生长和降低腹泻的作用。但这样会造成环境污染和资源浪费，同时也会影响兔肉品质，因此，高铜日粮不宜提倡。

锌：广泛存在于机体的组织细胞中，作为酶的必需成分或激活剂参与机体的物质代谢。日粮中锌不足，会导致母兔采食量减少，体重减轻，发育受阻，皮炎，关节肿大，繁殖力丧失。日粮中锌的需要量为50～70mg/kg，有机锌比无机锌化合物在动物体内的生物利用率高很多。块根块茎饲料中含锌贫乏，而酵母、糠麸、油饼和动物性饲料中含有大量的锌。

锰：主要存在于骨骼、肝脏、肌肉和皮肤中，是骨骼有机质形成过程中所必需的酶的激活剂。缺乏会导致骨骼发育异常，如弯腿、脆骨症、骨短粗症等，还会影响正常的繁殖机能。成年家兔每千克饲粮中含锰2.5mg，生长兔8.5mg可满足最低需要量。植物性饲料中含有较多的锰，一般不会造成缺乏。

硒：是谷胱甘肽过氧化物酶的组成成分，参与动物体正常生长和维持组织完整，参与机体免疫，和维生素E具有相似的抗氧化作用。家兔缺硒时，出现生长停滞，繁殖机能紊乱，肝坏死、心肌炎、白肌病、肺出血等症状。过量则会造成中毒。生产中硒的添加量目前尚未有可靠数据，但兔对于缺硒不很敏感，多数地区饲料中的含硒量可满足家兔的需要。

碘：碘是甲状腺素的组成成分，是调节基础代谢和能量代谢、生长、繁殖不可缺少的物质。缺乏时会引起甲状腺增生和肿大，生长缓慢，繁殖机能下降，母兔产弱胎和死胎。家兔对碘的需要量尚无确切数据，推荐量为0.2mg/kg。缺碘具有地方性，应根据地域情况注意添加碘或使用碘盐。

钴：广泛存在于机体的所有组织器官中，是合成维生素$B_{12}$的原料。钴缺乏时会使幼兔生长停滞，成年兔消瘦贫血。饲粮中钴的含量0.1mg/kg即可满足兔的需要。正常情况下，饲料中含有足够的钴，但在缺钴地区应予以补加。

**(六) 维生素**

维生素是维持家兔正常生理机能所必需，且需要量很少的一类低分子有机物质。目前，已确定的维生素有14种，根据其溶解性，将其分为脂溶性维生素和水溶性维生素两大类。前者包括维生素A、维生素D、维生素E、维生素K，后者主要包括B族维生素和维生素C。脂溶性维生素在体内可以贮存，过量时要经胆汁由粪中排出。除维生素$B_{12}$外，其他水溶性维生素并不在体内贮存，摄入过多时，会从尿中迅速排出。为避免缺乏症，必须每日供给水溶性维生素。一旦缺乏将导致代谢障碍，出现相应缺乏症。

1. 脂溶性维生素

(1) 维生素A 又称抗干眼病维生素，对于保证家兔正常生长，骨骼牙齿的正常发育和维持上皮细胞组织的正常功能至关重要。动物性饲料含量较高，而植物性饲料中不含有维生素A，主要由饲料中的胡萝卜素转变而来。

维生素A缺乏，会导致视力减退，上皮细胞过度角质化引起夜盲症、干眼病、肺炎、肠炎、流产、胎儿畸形。幼兔生长停止，骨骼发育异常而压迫神经，造成运动失调，痉挛性瘫痪。过量则会造成中毒，出现生长障碍，皮肤营养障碍，上皮增厚，自然性骨折等。

肉兔对维生素 A 的需要量目前没有统一的标准。NRC（1987）建议家兔日粮中维生素 A 的添加量以 16000IU 作为安全使用的上限。正常生产情况下，生长兔日粮需要维生素 A 6000IU，母兔则 10000IU 可以满足需要。

（2）维生素 D　又称抗佝偻病维生素，主要为维生素 $D_2$ 和维生素 $D_3$。具有调节钙、磷代谢，促进小肠对钙和磷的吸收，使之沉积于骨骼和牙齿的功能。动物性饲料中含有较高的维生素 D，植物性饲料和酵母中含有麦角固醇，兔皮肤中含有 7-脱氢胆固醇，经紫外光照射可分别转化为维生素 $D_2$ 和维生素 $D_3$。

维生素 D 不足，常出现生长抑制，体重降低，食欲减退或废绝，严重时会导致与钙、磷缺乏类似的骨骼病变，如仔兔佝偻病、成年兔软骨病、母兔产后瘫等。通常情况下，维生素 D 缺乏的临床症状仅见于幼畜。为防止维生素 D 缺乏，除饲料中添加外，可让兔子多晒太阳，饲喂天然干草，也可获得一定的维生素 D。维生素 D 摄入过多会致使软组织普遍钙化，干扰软骨生长。通常每千克饲料中维生素 D 的含量 900IU 可满足兔的需要。

（3）维生素 E　又称抗不育维生素、生育酚，具有抗氧化作用，能够保护细胞膜免受过氧化物的损害，增强免疫功能，提高机体抗应激能力，还对能量代谢、繁殖能力及动物饲料的保鲜有重要作用。

肉兔对维生素 E 缺乏非常敏感。一旦缺乏很容易出现骨骼肌和心肌变性，运动失调，瘫痪，脂肪肝和肝坏死，繁殖功能受损，如新生兔死亡，母兔不孕。一般不易出现维生素 E 的中毒症状。育肥兔和母兔建议添加量分别为 15mg/kg 和 50mg/kg。据报道，肉兔日粮维生素 E 达到 200mg/kg，可以改善肉质，但实际生产中，从成本考虑很难达到这一水平。动物性饲料及芽类饲料（如麦芽、豆芽、嫩青草等）中含有较多的维生素 E。此外，维生素 A 与维生素 E 存在吸收竞争，在大剂量使用维生素 A 时，要加大维生素 E 的供给量。

（4）维生素 K　又称抗出血维生素、凝血维生素，作用是促进肝脏合成凝血酶原，保证血液正常凝固。由于家兔盲肠微生物可以合成维生素 K，再通过食粪过程得到补充，一般能够满足需要。但种兔繁殖期需要量增加，以及饲料中添加抗生素、磺胺类药物或饲料中含有双香豆素等维生素 K 拮抗物时应注意补充。日粮中维生素 K 缺乏的主要症状是血液凝固机制失调，严重时会引起妊娠母兔的胎盘出血、流产等。建议商品肉兔日粮中维生素 K 的水平为 1 ~2mg/kg。

2. 水溶性维生素

水溶性维生素是一类能溶于水的维生素，包括 B 族维生素和维生素 C。家兔盲肠微生物可以合成大量的 B 族维生素，通过食粪行为被利用，而且多数植物性饲料，如青草、苜蓿草、小麦粉、豆粕都富含 B 族维生素，因此，家兔一般不会发生 B 族维生素缺乏症。

（1）B 族维生素

①维生素 $B_1$，又叫硫胺素、抗神经炎维生素。家兔消化道能合成相当数量的维生素 $B_1$，故很少发生缺乏。但当日粮中含有与其结构相似的拮抗物时，会出现生长受阻，运动失调，后肢瘫痪，痉挛等缺乏症状，严重时会昏迷甚至死亡。一般生长兔日粮中含量0. 6 ~0. 8mg/kg。

②维生素 $B_2$ 和 $B_3$，$B_2$ 又叫核黄素，$B_3$ 又叫泛酸。家兔饲料中来源广泛，且体内能合成，因此很少发生缺乏症。$B_2$ 的需要量生长肉兔 3mg/kg，母兔 5mg/kg；$B_3$ 的需要量生长兔 8mg/kg，母兔 10mg/kg。

③维生素 PP，又叫烟酸、尼克酸、抗糙皮病因子。家兔的消化道中可以合成烟酸，也能利用色氨酸转化为烟酸。当烟酸不足时，家兔表现为食欲废绝，下痢消瘦，生长受阻。日粮中缺乏烟酸时，可以通过添加色氨酸的方式予以弥补。NRC 推荐生长兔的需要量为 180mg/kg，其他兔子为 50mg/kg。

④维生素 $B_6$，又叫吡哆素，缺乏时肉兔生长缓慢，易患皮炎，神经系统受损，表现为运动失调，严重时痉挛。肉兔盲肠中能合成维生素 $B_6$，但当肉兔生产水平高时应在日粮中予以补充，每千克饲料中加入 40μg 即可满足需要。肥育兔 0.5mg/kg，母兔 1mg/kg。

⑤维生素 $B_7$，又叫生物素；一般情况下，肉兔肠道中合成的维生素 $B_7$，可满足需要，但容易被某些氨基酸复合体转化为不能吸收的形式，而发生缺乏症，表现为皮炎、脱毛、痉挛等。需要量肥育兔 10μg/kg，母兔 80μg/kg 即可。

⑥维生素 $B_{11}$，又叫叶酸。叶酸缺乏时，家兔发生巨红细胞性贫血，生长受阻。家兔的饲料中叶酸来源广泛，且肠道微生物能合成足够的叶酸。但当口服磺胺类药物时，应注意补充，避免缺乏。生长肥育兔 0.1mg/kg，繁殖母兔 1.5mg/kg 即可。

⑦维生素 $B_{12}$，又叫抗恶性贫血维生素。当维生素 $B_{12}$ 缺乏时，家兔出现生长缓慢，贫血等状况。一般植物性饲料中不含维生素 $B_{12}$，但家兔肠道微生物能合成，合成的量受饲料中钴含量的影响。目前还没有关于维生素 $B_{12}$ 的确切需要量，生产中一般推荐 9～19μg/kg。

⑧胆碱，缺乏时，家兔生长停滞，运动失调，成年母兔繁殖机能障碍。日粮中推荐剂量为 200mg/kg。

（2）维生素 C　又叫抗坏血病维生素。在体内参与细胞间质的生长及氧化还原反应，促进肠道对铁的吸收，具有解毒和抗氧化作用。缺乏时，肉兔贫血、生长受阻、凝血时间延长，影响骨骼发育和对铁、硫、碘、氟的利用。家兔能够自身合成维生素C，一般不需要在饲料中另外添加，但当出现应激（营养不平衡、运输、新环境、高温或低温、疾病和寄生虫等）时，应考虑补充。由于其在潮湿环境或与氧、铜、铁和其他矿物质接触条件下，很容易被氧化破坏，添加时必须采取保护形式加到混合料中。

**（七）水**

水是家兔赖以生存的营养素，同时又是最容易被忽略的营养成分。家兔体内所含的水约占其体重的70%。水是营养物质消化、吸收、运送以及代谢产物排出的溶剂、肌肉和体腔的润滑剂，能够调节体温，保护组织器官。

家兔所需的水来源于饮用水、各种饲料中所含的水及代谢中产生的水。代谢水数量有限，青饲料含有较多的水，但在以颗粒饲料为主的兔场，饲料水也是很少的。饮用水是规模型兔场水的主要来源途径。

家兔缺水比缺料更难维持生命。饥饿时，家兔可消耗体内的糖原、脂肪和蛋白质来维持生命，甚至失去体重的40%，仍可维持生命。但家兔体内损失5%的水，就会出现严重的干渴现象，食欲丧失，消化作用减弱，抗病力下降。损失10%的水时，引起严重的代谢紊乱，生理过程遭到破坏，如代谢产物排出困难，血液浓度和体温升高。由于缺水造成代谢紊乱可使健康受损，生产力遭到严重破坏，仔兔生长发育迟缓，母兔泌乳量降低。当家兔体内损失20%的水时，可引起死亡。

据试验，家兔的需水量一般为采食干物质量的1.5~2.5倍，夏季约为4倍。每天肉兔的需水量为每千克体重100~120ml。家兔的饮水量还与季节、体温、年龄、生理状态、饲料类型等因素有关。气温越高饮水量越大，年龄越小，单位体重需水量越大，青绿饲料供给充足，饮水量减少。据实验，15～25℃时，家兔活重 0.5kg 时每日饮水量为 100ml，3kg 体重时饮水量为 330ml，4kg 时饮水量为 400ml。

家兔具有根据自身需要调节饮水量的能力，因此，应保证家兔自由饮水。有人认为兔子喝水多了易发生腹泻，这种观点是片面的，但供水时应保证水的卫生，符合饮用水标准和保持适宜的温度。

## 二、肉兔饲养标准

肉兔的饲养标准是以肉兔生产中积累的经验为基础，结合消化、代谢等物质平衡实验和饲养试验，科学的规定出不同品种、年龄、性别、体重、生理阶段及生产水平下，每只肉兔每天所需要的能量和各种营养物质的数量，或每千克日粮中各种营养物质的含量或百分比。

饲养标准具有一定的科学性和普遍性，在生产实践中与相应的饲料营养价值表结合使用，是家兔生产中进行饲料配方设计、组织生产的重要依据。但是饲养标准中所规定的养分需要量受诸多特定条件的限制，不一定符合每一个体的具体要求。而且，不同地域，不同饲养管理水平肉兔对营养物质的需求不尽相同。目前没有统一的饲养标准，各国甚至各地区推荐的营养标准是不一样的，而且还在不断的修订、充实和完善。在生产实践中，大多数是选用中国饲养标准和 NRC 标准作为配方依据。由于饲养标准各项营养指标是相对的，同时具有一定的局限性、区域性和特殊性。因此，在家兔配方设计时，应根据当地实际情况灵活地选择和使用饲养标准。不要只图名气而选择国际标准，最好选择本地区推荐的，借鉴国内的。有条件的兔场，应进行饲养实验，摸索出一套适合本场兔群的日粮类型和营养水平，制定一个适宜的安全系数。

国外家兔饲养标准主要有美国的 NRC 饲养标准、法国 AEC 饲养标准、法国克里莫育种饲养标准等。我国的标准多采用由南京农业大学和兰州畜牧研究所提出的试用标准，现将国外的一些建议标准和国内部分单位的标准列出，供参考（表 3 - 2 至表 3 - 8）。

**表 3 - 2　美国 NRC（1977）建议的兔的营养需要量**

| 生长阶段 | 生长 | 维持 | 妊娠 | 泌乳 |
|---|---|---|---|---|
| 消化能（MJ） | 10.46 | 8.79 | 10.46 | 10.46 |
| 总消化养分（%） | 65 | 55 | 58 | 70 |
| 粗纤维（%） | 10～12 | 14 | 10～12 | 10～12 |
| 脂肪（%） | 2 | 2 | 2 | 2 |
| 粗蛋白质（%） | 16 | 12 | 15 | 17 |
| 钙（%） | 0.4 | — | 0.45 | 0.75 |
| 磷（%） | 0.22 | — | 0.37 | 0.5 |
| 镁（mg） | 300～400 | 300～400 | 300～400 | 300～400 |
| 钾（%） | 0.6 | 0.6 | 0.6 | 0.6 |
| 钠（%） | 0.2 | 0.0 | 0.2 | 0.2 |
| 氯（%） | 0.3 | 0.3 | 0.3 | 0.3 |
| 铜（mg） | 3 | 3 | 3 | 3 |
| 碘（mg） | 0.2 | 0.2 | 0.2 | 0.2 |
| 锰（mg） | 8.5 | 2.5 | 2.5 | 2.5 |
| 维生素 A（U） | 580 | — | >1160 | — |
| 胡萝卜素（mg） | 0.83 | — | 0.83 | — |
| 维生素 E（mg） | 40 | — | 40 | 40 |
| 维生素 K（mg） | — | — | 0.2 | — |
| 烟酸（mg） | 180 | — | — | — |
| 维生素 $B_6$（mg） | 39 | — | — | — |
| 胆碱（g） | 1.2 | — | — | — |
| 赖氨酸（%） | 0.65 | — | — | — |
| 蛋+胱氨酸（%） | 0.6 | — | — | — |
| 精氨酸（%） | 0.6 | — | — | — |

（续表）

| 生长阶段 | 生长 | 维持 | 妊娠 | 泌乳 |
|---|---|---|---|---|
| 组氨酸（%） | 0.3 | — | — | — |
| 亮氨酸（%） | 1.1 | — | — | — |
| 异亮氨酸（%） | 0.6 | — | — | — |
| 苯丙+酪氨酸（%） | 1.1 | — | — | — |
| 苏氨酸（%） | 0.6 | — | — | — |
| 色氨酸（%） | 0.2 | — | — | — |
| 缬氨酸（%） | 0.7 | — | — | — |

（资料来源：张宏福、张子仪，动物营养参数与饲养标准，1998 年 6 月，中国农业出版社）

**表 3-3 法国 AEC（1993）建议的兔的营养需要量**

| 生长阶段 | 泌乳兔及乳兔 | 生长兔（4~11 周） |
|---|---|---|
| 能量（MJ/kg） | 10.46 | 10.46~11.30 |
| 纤维（mg/d） | 12 | 13 |
| 粗蛋白质（mg/d） | 17 | 15 |
| 赖氨酸（mg/d） | 0.75 | 0.70 |
| 蛋+胱氨酸（%） | 0.65 | 0.60 |
| 苏氨酸（mg/d） | 0.90 | 0.90 |
| 色氨酸（mg/d） | 0.65 | 0.60 |
| 精氨酸（mg/d） | 0.22 | 0.20 |
| 组氨酸（mg/d） | 0.40 | 0.30 |
| 异亮氨酸（mg/d） | 0.65 | 0.60 |
| 亮氨酸（mg/d） | 1.30 | 1.10 |
| 苯丙+酪氨酸（mg/d） | 1.30 | 1.10 |
| 缬氨酸（mg/d） | 0.85 | 0.70 |
| 钙（g/d） | 1.10 | 0.80 |
| 有效磷（g/d） | 0.80 | 0.50 |
| 钠（g/d） | 0.30 | 0.30 |

（资料来源：张宏福、张子仪，动物营养参数与饲养标准，1998 年 6 月，中国农业出版社）

表 3－4　F. Lebas 建议的兔的营养需要

| 营养成分 | 4～12 周龄兔 | 泌乳兔 | 妊娠兔 | 成年兔 | 肥育兔 |
|---|---|---|---|---|---|
| 消化能（MJ/kg） | 10.47 | 11.30 | 10.47 | 10.47 | 10.47 |
| 粗纤维（%） | 14 | 12 | 14 | 15～16 | 14 |
| 粗脂肪（%） | 3 | 5 | 3 | 3 | 3 |
| 粗蛋白质（%） | 18 | 18 | 15 | 13 | 17 |
| 蛋＋胱氨酸（%） | 0.5 | 0.6 | — | — | 0.55 |
| 赖氨酸（%） | 0.6 | 0.75 | — | — | 0.7 |
| 精氨酸（%） | 0.9 | 0.8 | — | — | 0.9 |
| 苏氨酸（%） | 0.55 | 0.7 | — | — | 0.6 |
| 色氨酸（%） | 0.18 | 0.22 | — | — | 0.2 |
| 组氨酸（%） | 0.35 | 0.43 | — | — | 0.4 |
| 异亮氨酸（%） | 0.6 | 0.7 | — | — | 0.65 |
| 苯丙＋酪氨酸（%） | 1.2 | 1.4 | — | — | 1.25 |
| 缬氨酸（%） | 0.7 | 0.85 | — | — | 0.8 |
| 亮氨酸（%） | 1.5 | 1.25 | — | — | 1.2 |
| 钙（%） | 0.5 | 1.1 | 0.8 | 0.6 | 1.1 |
| 磷（%） | 0.3 | 0.8 | 0.5 | 0.4 | 0.8 |
| 钾（%） | 0.8 | 0.9 | 0.9 | — | 0.9 |
| 钠（%） | 0.4 | 0.4 | 0.4 | — | 0.4 |
| 氯（%） | 0.4 | 0.4 | 0.4 | — | 0.4 |
| 镁（%） | 0.03 | 0.04 | 0.04 | — | 0.04 |
| 硫（%） | 0.04 | — | — | — | 0.04 |
| 钴（mg/kg） | 1 | 1 | — | — | 1 |
| 铜（mg/kg） | 5 | 5 | — | — | 5 |
| 锌（mg/kg） | 50 | 70 | 70 | — | 70 |
| 铁（mg/kg） | 50 | 50 | 50 | 50 | 50 |
| 锰（mg/kg） | 8.5 | 2.5 | 2.5 | 2.5 | 8.5 |
| 碘（mg/kg） | 0.2 | 0.2 | 0.2 | 0.2 | 0.2 |
| 维生素 A（U/kg） | 6000 | 12000 | 12000 | 10000 | — |
| 胡萝卜素（mg/kg） | 0.83 | 0.83 | 0.83 | — | 0.83 |
| 维生素 D（U/kg） | 900 | 900 | 900 | — | 900 |
| 维生素 E（mg/kg） | 50 | 50 | 50 | 50 | 50 |
| 维生素 K（mg/kg） | 0 | 2 | 2 | 0 | 2 |
| 维生素 $B_1$（mg/kg） | 2 | — | — | — | 2 |
| 维生素 $B_2$（mg/kg） | 6 | — | — | — | 4 |

（续表）

| 营养成分 | 4～12 周龄兔 | 泌乳兔 | 妊娠兔 | 成年兔 | 肥育兔 |
| --- | --- | --- | --- | --- | --- |
| 维生素 $B_6$（mg/kg） | 40 | — | — | — | 2 |
| 维生素 $B_{12}$（mg/kg） | 0.01 | | | | |
| 叶酸（mg/kg） | 1 | | | | |
| 泛酸（mg/kg） | 20 | | | | |

**表 3－5　W. Schlolaut 建议的家兔的营养需要**

| 营养成分 | 育肥兔 | 繁殖兔 |
| --- | --- | --- |
| 消化能（MJ/kg） | 12.14 | 10.89 |
| 粗蛋白质（%） | 16～18 | 15～17 |
| 粗脂肪（%） | 3～5 | 2～4 |
| 粗纤维（%） | 9～12 | 10～14 |
| 赖氨酸（%） | 1.0 | 1.0 |
| 蛋＋胱氨酸（%） | 0.4～0.6 | 0.7 |
| 精氨酸（%） | 0.6 | 0.6 |
| 钙（%） | 1.0 | 1.0 |
| 磷（%） | 0.5 | 0.5 |
| 镁（mg/kg） | 300 | 300 |
| 氯化钠（%） | 0.5～0.7 | 0.5～0.7 |
| 钾（%） | 1.0 | 0.7 |
| 铜（mg/kg） | 20～200 | 10 |
| 铁（mg/kg） | 100 | 50 |
| 锰（mg/kg） | 30 | 30 |
| 锌（mg/kg） | 50 | 50 |
| 维生素 A（U/kg） | 8000 | 8000 |
| 维生素 D（U/kg） | 1000 | 800 |
| 维生素 E（mg/kg） | 40 | 40 |
| 维生素 K（mg/kg） | 1.0 | 2.0 |
| 胆碱（mg/kg） | 1500 | 1500 |
| 烟酸（mg/kg） | 50 | 50 |
| 维生素 $B_6$（mg/kg） | 400 | 300 |
| 生物素（mg/kg） | — | — |

**表 3-6　法国克里莫育种公司高产肉兔饲养标准**

| 生长阶段 | 泌乳早期 0~20d | 母仔 20~35d | 育肥前期 30~50d | 育肥后期 50~出栏 |
|---|---|---|---|---|
| 可消化能 kcal/kg | 2600 | 2400 | 2400 | 2600 |
| MJ/kg | 10.9 | 10.0 | 10 | 10.9 |
| 粗蛋白质（%） | 17~17.5 | 14.5~15 | 16~16.5 | 16~16.5 |
| 粗纤维（%） | 13.5~14 | 16.5~17 | 19~19.5 | 16~17 |
| 脂肪（%） | 3.3 | 3.0~3.2 | 3.0~3.2 | 3.0~3.5 |
| 矿物质（%） | 7.5~8 | 9.0 | 8.4 | 8.0 |
| 维生素 A（U/kg） | 10000 | 10000 | 5000 | 10000 |
| 维生素 D（U/kg） | 1200 | 1200 | 1000 | 1200 |
| 维生素 E（U/kg） | 60 | 20 | 40 | 20 |
| 维生素 K（U/kg） | 2 | 1 | 1 | 1 |
| 维生素 $B_1$（mg/kg） | 2 | 2 | 2 | 2 |
| 维生素 $B_2$（mg/kg） | 6 | 6 | 6 | 6 |
| 维生素 $B_6$（mg/kg） | 2 | 2 | 2 | 2 |
| 维生素 $B_{12}$（mg/kg） | 0.01 | 0.01 | 0.01 | 0.01 |
| 泛酸（mg/kg） | 20 | 20 | 20 | 20 |
| 胆碱（mg/kg） | 100 | 200 | 200 | 200 |
| 铜（mg/kg） | 15 | 15 | 15 | 15 |
| 食盐（mg/kg） | 2.5 | 2.2 | 2.2 | 2.2 |
| 氯（g/kg） | 3.5 | 2.8 | 2.8 | 2.8 |
| 钙（g/kg） | 12 | 7 | 7 | 8 |
| 磷（g/kg） | 6 | 4 | 4 | 4.5 |
| 铁（mg/kg） | 100 | 50 | 50 | 50 |
| 锌（mg/kg） | 50 | 25 | 25 | 25 |
| 锰（mg/kg） | 12 | 8 | 8 | 8 |
| 赖氨酸（g/kg） | 8.5 | 7.5 | 7.5 | 8 |
| 蛋氨酸+胱氨酸（g/kg） | 6.2 | 5.5 | 5.5 | 6 |
| 精氨酸（g/kg） | 8 | 8 | 8 | 9 |
| 苏氨酸（g/kg） | 7 | 5.6 | 5.6 | 5.8 |

## 表3-7　中国肉兔建议营养供给量（每千克风干饲料含量）

| 营养指标 | 生长兔 | | 妊娠兔 | 哺乳兔 | 成年产毛兔 | 生长育肥兔 |
|---|---|---|---|---|---|---|
| | 3~12周龄 | 12周龄后 | | | | |
| 消化能（MJ） | 12.12 | 10.45~11.29 | 10.45 | 10.87~11.29 | 10.03~10.87 | 12.12 |
| 粗蛋白质（%） | 18 | 16 | 15 | 18 | 14~16 | 16~18 |
| 粗纤维（%） | 8~10 | 10~14 | 10~14 | 10~12 | 10~14 | 8~10 |
| 粗脂肪（%） | 2~3 | 2~3 | 2~3 | 2~3 | 2~3 | 2~5 |
| 钙（%） | 0.9~1.1 | 0.5~0.7 | 0.5~0.7 | 0.8~1.1 | 0.5~0.7 | 1 |
| 磷（%） | 0.5~0.7 | 0.3~0.5 | 0.3~0.5 | 0.5~0.8 | 0.3~0.5 | 0.5 |
| 赖氨酸（%） | 0.9~1.0 | 0.7~0.9 | 0.7~0.9 | 0.8~1.0 | 0.5~0.7 | 1.0 |
| 蛋氨酸+胱氨酸（%） | 0.7 | 0.6~0.7 | 0.6~0.7 | 0.6~0.7 | 0.6~0.7 | 0.4~0.6 |
| 精氨酸（%） | 0.8~0.9 | 0.6~0.8 | 0.6~0.8 | 0.6~0.8 | 0.6 | 0.6 |
| 食盐（%） | 0.5 | 0.5 | 0.5 | 0.5~0.7 | 0.5 | 0.5 |
| 铜（mg） | 15 | 15 | 15 | 10 | 10 | 20 |
| 铁（mg） | 100 | 50 | 50 | 100 | 50 | 100 |
| 锰（mg） | 15 | 10 | 10 | 10 | 10 | 15 |
| 锌（mg） | 70 | 40 | 40 | 40 | 40 | 40 |
| 镁（mg） | 300~400 | 300~400 | 300~400 | 300~400 | 300~400 | 300~400 |
| 碘（mg） | 0.2 | 0.2 | 0.2 | 0.2 | 0.2 | 0.2 |
| 维生素A（kU） | 6~10 | 6~10 | 8~10 | 8~10 | 6 | 6 |
| 维生素D（kU） | 1 | 1 | 1 | 1 | 1 | 1 |

（资料来源：杨正，现代养兔，1999年6月，中国农业出版社）

## 表3-8　我国建议的营养供给量

| 营养指标 | 4~12周生长兔 | 哺乳兔 | 妊娠兔 | 成年兔 | 育肥兔 |
|---|---|---|---|---|---|
| 粗蛋白质（%） | 15 | 18 | 18 | 13 | 17 |
| 氨基酸（%） | | | | | |
| 硫氨酸 | 0.6 | 0.6 | — | — | 0.55 |
| 赖氨酸 | 0.6 | 0.75 | — | — | 0.7 |
| 精氨酸 | 0.9 | 0.8 | — | — | 0.9 |

（续表）

| 营养指标 | 4～12<br>周生长兔 | 哺乳兔 | 妊娠兔 | 成年兔 | 育肥兔 |
|---|---|---|---|---|---|
| 苏氨酸 | 0.55 | 0.7 | — | — | 0.6 |
| 色氨酸 | 0.18 | 0.22 | — | — | 0.2 |
| 组氨酸 | 0.35 | 0.43 | — | — | 0.4 |
| 异亮氨酸 | 0.6 | 0.7 | — | — | 0.65 |
| 苯丙氨酸＋酪氨酸 | 1.2 | 1.4 | — | — | 1.25 |
| 缬氨酸 | 0.7 | 0.85 | — | — | 0.8 |
| 亮氨酸 | 1.5 | 1.25 | — | 15～16 | 1.2 |
| 粗纤维 | 14 | 12 | 14 | 13 | 14 |
| 非消化粗纤维 | 12 | 10 | 12 | 9.2 | 12 |
| 消化能 | 10.46 | 11.3 | 10.46 | 8.87 | 10.46 |
| 代谢能 | 10.04 | 10.88 | 10.04 | 3 | 10.08 |
| 脂肪 | 3 | 5 | 3 |  | 3 |
| 矿物质 |  |  |  |  |  |
| 钙（%） | 0.5 | 0.11 | 0.8 | 0.4 | 1.1 |
| 磷（%） | 0.3 | 0.8 | 0.5 | — | 0.8 |
| 钾（%） | 0.8 | 0.9 | 0.9 | — | 0.9 |
| 钠（%） | 0.4 | 0.4 | 0.4 | — | 0.4 |
| 氯（%） | 0.4 | 0.4 | 0.4 | — | 0.4 |
| 镁（%） | 0.03 | 0.04 | 0.04 | — | 0.04 |
| 硫（%） | 0.04 |  |  |  | 0.04 |
| 钴（mg/kg） | 1 | 1 |  |  | 1 |
| 铜（mg/kg） | 5 | 5 |  |  | 5 |
| 锌（mg/kg） | 50 | 70 | 70 | 50 | 70 |
| 铁（mg/kg） | 50 | 50 | 50 | 2.5 | 50 |
| 锰（mg/kg） | 8.5 | 2.5 | 2.5 | 0.2 | 8.5 |
| 碘（mg/kg） | 0.2 | 0.2 | 0.2 |  | 0.2 |
| 维生素 |  |  |  |  |  |
| 维生素A（IU/100g） | 600 | 1200 | 1200 | — | 1000 |
| 胡萝卜素（mg/kg） | 0.83 | 0.83 | 0.83 | — | 0.83 |

（续表）

| 营养指标 | 4～12<br>周生长兔 | 哺乳兔 | 妊娠兔 | 成年兔 | 育肥兔 |
|---|---|---|---|---|---|
| 维生素 D（IU/100g） | 90 | 90 | 90 | — | 90 |
| 维生素 E（mg/kg） | 50 | 50 | 50 | 50 | 50 |
| 维生素 K（mg/kg） | — | 2 | 2 | — | 2 |
| 维生素 C（mg/kg） | — | — | — | — | 0 |
| 维生素 $B_1$（mg/kg） | 2 | — | — | — | 2 |
| 维生素 $B_2$（mg/kg） | 6 | — | — | — | 4 |
| 维生素 $B_6$（mg/kg） | 40 | — | — | — | 2 |
| 维生素 $B_{12}$（mg/kg） | 0.01 | — | — | — | — |
| 叶酸（mg/kg） | 1 | — | — | — | — |
| 泛酸（mg/kg） | 20 | — | — | — | — |

## 三、日粮配合技术

肉兔日粮配合技术是根据肉兔的营养需要，在把握肉兔消化特性的基础上，根据当地的资源特点和饲料原料特性，参照饲料成分和营养价值表，将饲料原料按照一定比例合理搭配的技术。熟练掌握日粮配合技术是肉兔科学饲养的基本要求。

### （一）日粮配合原则

肉兔日粮必须能够满足肉兔不同生理阶段的营养所需，配合时要充分考虑肉兔的营养需要、原料的营养特性、适口性、消化利用率、质量控制、经济成本等指标。安全、合理、有效的日粮配合须把握以下原则。

（1）选择适宜的饲养标准　饲养标准是对动物进行科学饲养的依据，经济合理的饲料配方必须依据饲养标准规定的营养物质需要量的指标进行设计。目前，肉兔养殖中没有统一的饲养标准，而且，各地的地理环境、气候特点不同，各兔场的饲养规模、管理水平的差异，也不可能有完全统一的标准。生产中，尽量选择当地推荐的饲养标准，没有的话再选择国内推荐的，最后再考虑国外的饲养标准。在选用合适的饲养标准基础上，再根据实际饲养实践中动物的生长和生产性能情况作适当调整，使标准更趋于合理。

（2）保证饲料的安全性　选择合适的原料，首先，要保证饲料品质，尽量选用无霉变、质地良好的饲料原料，有毒有害物质（如霉毒素、重金属、微生物等）含量不能超标，对于含有毒素、抗营养因子的原料，如棉粕、菜粕要进行脱毒处理，或者限制用量，以免造成毒副作用；其次，饲料要符合兔的消化生理特点，体积适合家兔消化道容积。饲料营养浓度过低，体积过大，会造成消化道负担过重而影响消化，同时又不能满足家兔对营养的需要。

（3）保证饲料的适口性　饲料的适口性直接影响肉兔对饲料的采食量，选择原料时，要尽量选用适口性好、无异味的原料。肉兔喜欢带甜味，或植物苦的饲料。口感不好或肉兔反感的原料，如带腥味的动物性饲料要限制用量，以免影响采食量。在兔饲料加工调制时加入适当的调味剂，可以提高饲料适口性。

（4）严格控制饲料成本　兔场经营中，饲料费用占整个成本的60%～70%，合理的控制饲料费用是提高经济效益的重要措施。在满足营养需要，符合使用条件、范围的基础上，开发本地资源，是降低饲料成本的有效方法；另外，选用多种原料合理搭配，不仅可以降低成本，而且通过营养互补，使配制出的饲料营养平衡，利用率提高，从而间接降低成本。

（5）保证饲料规范性和高效性　饲料作为家兔饲料营养的主要来源，其品质关系家兔事业。因此，家兔饲料配方设计必须遵守国家有关饲料生产的法律法规，例如《饲料和饲料添加剂管理》《中华人民共和国兽药管理条例》《饲料标签》《饲料卫生标准》《农产品安全质量无公害畜禽肉产品安全要求》等。严禁使用国家明文禁止的药物或添加剂，开发利用绿色饲料添加剂（如复合酶、酸化剂、益生素、寡聚糖、中草药制剂等），提高饲料产品的质量，使之安全、无毒、无残留、无污染，符合营养指标、感观指标、卫生指标。

**（二）日粮配合方法**

日粮配合的实质就是根据饲养标准所规定的各种营养物质需要选用适当的饲料，再应用饲料成分及营养价值表，计算合适的原料比例，以符合饲养标准中各项营养物质规定的要求。最初使用较为简单易理解的对角线法、试差法，随着人们对饲料、营养知识的深入，计算机技术的发展，人们开发了计算机专用配方软件。计算机配方法是利用线性规划的原理通过计算机平衡饲料配方并寻求最优解的方法，特点是快速、准确，可以在现有条件下获得最低成本配方。不足之处是，配方设计存在机械性，不能根据实际情况调整，而且需要专门软件和专业的操作人员，一般养殖户很难掌握。目前养殖户采用试差法设计饲料配方较为普遍，下面特作详细介绍。

试差法又称凑数法，原则是“多退少补”。是目前国内一般兔场应用最为广泛的一种手工计算方法。实际操作中，根据饲料原料的营养特性、消化吸收率、密度、适口性等特点，结合经验对所用饲料的大致比例进行限定，再根据饲养标准对原料比例进行反复调整，直至将所配制饲料的营养水平达到或基本达到营养标准为止。这种设计方法盲目性较大，要经过多次反复调整，计算烦琐。以生长肉兔全价料为例，具体步骤介绍如下。

（1）确定饲养标准 依据饲养对象选择适宜的饲养标准（表3－9）。

表 3-9　生长肉兔的营养需要　（MJ/kg，%）

| 营养素 | 消化能 | 粗蛋白质 | 粗纤维 | 钙 | 磷 | 食盐 | 赖氨酸 | 蛋氨酸+胱氨酸 |
|---|---|---|---|---|---|---|---|---|
| 含量 | 10.46 | 17 | 13 | 0.85 | 0.4 | 0.3 | 1.0 | 0.6 |

（2）选原料　根据肉兔采食习性，选择合适的饲料原料，并依据营养价值表或实测获得饲料养分含量中各种原料营养成分。饲料原料的各项营养指标数据要尽可能接近实际含量，可以通过选用本地原料数据或权威机构发布的饲料原料营养指标数据，也可以通过实际检测或查阅厂家提供的营养指标数据使原料营养指标更加准确（表 3-10）。

表 3-10　所选饲料主要营养成分

| 饲料 | 粗蛋白质（%） | 粗脂肪（%） | 粗纤维（%） | 消化能（MJ/kg） |
|---|---|---|---|---|
| 苜蓿粉 | 13.3 | 1.6 | 30.6 | 7.37 |
| 玉米 | 8.6 | 3.5 | 2.0 | 15.14 |
| 麸皮 | 14.4 | 3.7 | 9.2 | 10.71 |
| 大豆粕 | 43.0 | 5.4 | 5.7 | 15.23 |

（3）定比例　根据经验设定原料的大致比例。一般来说，能量饲料 20%～25%，蛋白质饲料（植物蛋白 10%～20%），粗饲料 30%～50%，矿物质 1%～3%，食盐 0.3%～0.5%。通常初配时，配方中不考虑矿物质饲料，所以总量应小于 100%，以便留出最后添加钙磷矿物质、食盐和维生素、微量元素、氨基酸等添加剂所需要的空间，能量、蛋白质饲料原料一般占总比例的 98%～99%。

（4）算营养　参考原料营养价值表，根据初步制订的比例计算初配方的营养价值含量。

（5）做比较　与饲养标准进行比较，主要比较能量、粗蛋白质、粗纤维的营养水平（表3－11）。

**表3－11　初拟配方营养含量**

| 饲料 | 比例（%） | 粗蛋白质（%） | 粗脂肪（%） | 粗纤维（%） | 消化能（MJ/kg） |
|---|---|---|---|---|---|
| 苜蓿粉 | 35 | 4.655 | 0.56 | 10.71 | 2.58 |
| 玉米 | 23 | 1.978 | 0.805 | 0.46 | 3.48 |
| 麸皮 | 30 | 4.32 | 1.11 | 2.76 | 3.21 |
| 大豆粕 | 10 | 4.30 | 0.54 | 0.57 | 1.52 |
| 食盐 | 0.5 | | | | |
| 骨粉 | 1.5 | | | | |
| 合计 | 100 | 15.253 | 3.025 | 14.5 | 10.80 |
| 与标准比较 | 0 | +0.253 | +0.025 | +0.5 | －0.09 |

（6）调整　配方调整，使消化能和粗蛋白质含量符合饲养标准规定量。初次设计的配方，蛋白和纤维略高，能量略低，为了演示其过程，需要进行能量、蛋白的调整，即用一定比例的一种饲料原料替代另一种饲料原料（用高能量饲料代替高蛋白饲料），计算时，先求出每替代1%时，饲粮能量和蛋白的改变程度，然后结合初配方中求出的营养含量与标准值的差值，计算出应该替代的百分数（表3－12）。

**表3－12　调整后饲料配方**

| 饲料 | 比例（%） | 粗蛋白质（%） | 粗脂肪（%） | 粗纤维（%） | 消化能（MJ/kg） |
|---|---|---|---|---|---|
| 苜蓿粉 | 33.3 | 4.43 | 0.53 | 10.19 | 2.46 |
| 玉米 | 24.7 | 2.12 | 0.86 | 0.49 | 3.74 |
| 麸皮 | 30.0 | 4.32 | 1.11 | 2.70 | 3.44 |
| 大豆粕 | 10.0 | 4.30 | 0.54 | 0.57 | 1.52 |
| 食盐 | 0.5 | | | | |
| 骨粉 | 1.5 | | | | |
| 合计 | 100 | 15.17 | 3.04 | 13.95 | 10.93 |
| 与标准比较 | +0.17 | +0.04 | －0.05 | +0.04 | |

(7) 平衡　调整钙、磷、食盐、氨基酸含量，添加微量元素、维生素。钙、磷不足，可用常量矿物质添加，如石粉、骨粉、磷酸氢钙等。食盐不足部分使用食盐补充，赖氨酸、蛋氨酸不足，使用人工合成的 L—赖氨酸和 DL—蛋氨酸进行补充，微量元素和维生素添加可使用肉兔专用的饲料添加剂补充，最终使配方的营养水平与饲养标准接近平衡。

# 第五节　饲料的加工及饲喂

## 一、饲料资源开发

随着我国家兔养殖业规模化的快速发展，常规饲料资源难以满足其需要。积极开发非常规饲料资源，对于发展我国兔业意义重大。

### (一) 粗饲料资源开发

粗饲料是指干物质中粗纤维含量在 18% 以上的饲料。这类饲料体积大，营养含量相对较低，粗纤维含量高，不易消化，蛋白质含量低且差异大，为 3% ~19%，维生素中除维生素 D 含量丰富外，其他维生素含量低，矿物质中含磷少，钙多。

家兔属于草食动物，发达的盲肠内定植有大量微生物，对粗纤维有一定的消化能力，虽不及反刍动物，但粗纤维仍是家兔最重要的不可替代的营养素之一。肉兔全价料中，粗饲料一般在 34% ~45%，优质牧草比例可达 50%。然而，我国大部分地区没有专门的饲草用地，优质牧草资源不足，价格居高不下，大多饲草来源于农作物副产物，存在品种单一，营养不平衡等问题，所以深入开发安全优质的粗饲料资源意义重大。

(1) 秸秆饲料资源　秸秆饲料是以作物秸秆作为原料生产

的饲料。分为禾本科作物秸秆，如玉米秸、小麦秸、大麦秸、燕麦秸、高粱秸等；豆科作物秸秆，如大豆秸，豌豆秸、蚕豆秸等；其他作物秸秆，如马铃薯蔓、甘薯蔓等。

我国是农业大国，各类农作物秸秆资源十分丰富。据统计，我国每年农作物秸秆的产量达7亿t左右。目前，由于其用作饲料加工利用不当，使得秸秆的利用率及饲料报酬较低。我国作物秸秆未能充分被利用，不仅造成资源的浪费，也加剧了畜牧业对粮食的依赖性。据实验，断奶肉兔日粮中添加2%～4%稻草是可行的。用5%～15%大蒜秸秆替代日粮中的花生秧可以显著地提高肉兔的平均日采食量、料重比和平均日增重；除去盐的味精废液和玉米秸秆经过微生物发酵后，秸秆饲料的粗蛋白质含量高达34.42%和粗纤维的含量17.46%，代替部分精料饲喂肉兔，日增重和料重比没有明显的变化，但成本明显降低；日粮中添加10%～30%杭白菊秸秆，对提高日增重、幼兔成活率和饲料转化率具有明显效果。

（2）饲草资源　肉兔日粮中，青干草是主要的粗饲料之一。是青绿饲料在尚未结籽以前割下来，经由日晒或人工干燥除去大量水分而制成的。青干草叶多、适口性好、养分较平衡。蛋白质含量较高，禾本科干草为7%～13%，豆科干草为10%～21%，品质较完善；胡萝卜素、维生素D、维生素E及矿物质丰富。我国饲草资源丰富，具有悠久的饲草生产历史。在我国部分山区和农区，饲草面积大，采集潜力也很大，合理利用这些饲草可以用作家兔饲料原料的部分资源。

据实验，豆科决明属软草代替精饲料饲喂肉兔，饲料报酬与全精料喂养差异不大，但胴体品质与兔肉品质（氨基酸含量）有明显改善；利用青绿饲草和全价配合饲料饲喂母兔，仔兔断奶成活率和母兔产仔数均有不同程度提高。羊蹄和蒲公英粗纤维的含量较低，无氮浸出物的含量最高，粗蛋白含量中等，可以作为当地农民饲养家兔优良饲草的来源。

（3）林业饲料资源　林业副产品包括树叶、嫩枝、籽实以及加工后产生的木屑、刨花等，这些都可以作为饲料使用。树叶的蛋白质含量丰富，质量优良，如槐树叶、榆树叶、松树针和桑树叶等蛋白质含量占干物质的15%～25%，是资源极其丰富的粗饲料。

据第八次全国森林资源调查结果显示，我国现有森林面积2.08亿$hm^2$，活立木总蓄积量16433亿$m^3$。充分开发利用这一饲料资源，既能为畜禽提供营养丰富而廉价的饲料，又可为木本植物整枝疏叶，促进其生长，以及防止森林火灾和病虫害的危害。但由于劳动力成本和采集的困难，除了少数贫困地区，目前多数林地树叶资源没有得到很好地开发利用。

据实验，肉兔日粮中添加15%梧桐树叶粉，能取得较好效果，但超过25%会影响肉兔的正常采食；添加了适量紫穗槐叶粉，能在不影响采食的情况下，促进增重；利用杨树叶发酵蛋白代替3.2%精饲料喂养肉兔同样能取得满意结果；添加10%～15%油橄榄叶对肉的嫩度、色泽、肌肉脂质等品质有很好的改善作用。

（4）糟渣饲料资源　糟渣是酿造、淀粉及豆腐加工行业的副产品，主要有酒渣、醋渣、玉米淀粉渣、豆腐渣、果渣、甜菜渣、甘蔗渣、菌糠和某些药渣等。这类饲料含水率高，通常可达30%～80%，干物质中粗纤维、粗蛋白质、粗脂肪等的含量高，而无氮浸出物和维生素含量比较低。可以按适当比例添加至饲料中使用。但需要注意糟渣中淀粉在烘干时黏结成团，不易干燥，不能长期保存。

酒糟除含有丰富的蛋白质和矿物质外、还含有少量乙醇，有改善消化功能、加强血液循环、扩张体表血管、产生温暖感觉等作用，冬季应用，抗寒应激作用明显。但容易引起便秘，喂量不宜过多，并要与其他优质饲料配合使用。据报道，在肉兔饲粮中添加9%以下的白酒糟，可以保持肉兔良好的生产性能，有效降低饲料成本。肉兔饲料中添加超过9%的白酒糟，会降低肉兔的屠宰率和肉品质。

啤酒糟含粗蛋白质25%、粗脂肪6%、钙0.25%、磷0.48%，且富含B族维生素和未知因子。生长兔、泌乳兔饲粮中啤酒糟可占15%，空怀兔及妊娠前期可占30%。

风干醋糟含水分10%，粗蛋白质9.6%～20.4%，粗纤维15%～28%，并含有丰富的矿物质。少量饲喂，有调节胃肠、预防腹泻的作用。大量饲喂时，最好和碱性饲料配合使用，如添加小苏打等。一般育肥兔在饲粮中添加20%，空怀兔15%～25%，妊娠、泌乳兔应低于10%。

菌糠疏松多孔，质地细腻，一般呈黄褐色，具有浓郁的菌香味。在家兔饲料中添加20%～25%菌糠（棉籽皮栽培平菇后的培养料）可代替家兔饲料中部分麦麸和粗饲料，不影响家兔的日增重饲料转化率。

麦芽根为啤酒制造过程中的副产品，粗蛋白质24%～28%，粗脂肪0.4～1.5%，粗纤维14%～18%，粗灰分6%～7%，B族维生素丰富。另外还有未知生长因子，在兔饲料中可添加到20%。另据报道，30%马铃薯渣发酵蛋白饲料可以提高兔日增重，降低饲料消耗，和沙棘嫩枝叶的配合使用可以提高兔肉脂肪和蛋白质的含量，改善兔肉品质。

**（二）能量饲料**

能量饲料是指在饲料的干物质中CF含量小于18%，并且CP含量小于20%的一类饲料。肉兔生产中常用的能量饲料有：

谷实类，糠麸类，脱水块根、块茎及其加工副产品，动植物油脂等，在家兔的日粮中主要起着供给能量的作用。

（1）谷实类饲料　谷实类饲料主要是指禾本科类作物所结的籽实，通常包括：玉米、黑麦、燕麦、高粱、小麦、荞麦等。这类饲料的优点为适口性好，消化率高，有效能值高等，缺点是容易发生霉变，是家兔日粮中最主要的能量来源。

玉米被称为“能量饲料之王”。养分因品种和干燥程度而略有差异，消化率可达90%以上，粗蛋白质含量为7%～9%，品质差，尤其缺乏赖氨酸、蛋氨酸等。粉碎的玉米含水分高于14%时易发霉酸败，产生黄曲霉毒素，家兔很敏感。玉米在家兔日粮中不宜超过30%。

高粱去壳后营养成分与玉米相似，粗蛋白质含量约8%，品质较差。由于高粱中含有单宁，饲喂时应限量，不超过日粮10%。

麦麸营养价值因面粉加工精粗不同而异，消化能较低，属低能饲料，粗纤维含量较多（8%～12%），粗蛋白质含量可达12%～17%，质量也较好，质地蓬松，适口性好，具有轻泻性和调节性。但由于麦麸吸水性强，若大量干饲时易造成便秘，饲喂时应注意。

大麦适口性好，消化能略低于玉米，粗蛋白质含量约为12%，营养价值较高。可占日粮的10%～30%。

稻谷使用价值不如玉米，使用时适当控制用量，一般占日粮的10%～20%。据实验，早稻谷完全代替玉米配制的饲粮在生长兔上应用是可行的。

（2）糠麸类饲料　糠麸类饲料是指谷实类饲料加工过程中形成的副产品，由谷物的种皮、外胚乳、糊粉层、颖稃纤维残渣等构成，其营养成分会受到原粮种类和品种、谷物的加工方法、剥离程度等的影响。主要包括小麦麸、米糠、玉米糠、谷糠、高粱糠等。这类饲料共同的特点是：有效能值低，粗蛋白质含量高于谷实类饲料；含钙少而磷多，磷多为植酸磷，利用率低；含有丰富的B族维生素，维生素E含量较少；物理结构松散，含有适量的纤维素，有轻泻作用；易发霉变质，不易贮存。

据实验，麸皮吸水性强，大量干饲易引起便秘，一般用量为10%～20%；统糠是稻壳和米糠的混合物，品质较差，不适宜喂断奶兔，大兔和肥育兔用量一般应控制在15%左右；高粱糠中含有很多种蛋白质、氨基酸、维生素和微量元素等有益性物质，包括多种非皂化脂类和抗氧化剂、植物纤维，营养价值较高。

（3）块根、块茎及瓜果类饲料　块根、块茎类饲料种类很多，主要包括薯类、甜菜渣、胡萝卜、糖蜜等。薯类多汁味甜，适口性好，生熟均可饲喂。贮存在13℃条件下较安全。发芽、腐烂或出现黑斑后禁止使用。马铃薯与蛋白质饲料、谷实饲料混喂效果较好。贮存不当发芽时，在其青绿皮上、芽眼及芽中含有龙葵素，家兔采食过多会引起胃肠炎，甚至中毒死亡；胡萝卜水分含量高，容积大，含丰富的胡萝卜素，一般多作为冬季调剂饲料，而不作为能量饲料使用；甜菜渣富含维生素和微量元素，干燥后可用于家兔饲料，其中粗蛋白质含量较低，但消化能含量高。粗纤维含量高（20%），但纤维性成分容易消化，消化率可达70%。由于水分含量高，要设法干燥，防止变质。国外的资料显示，家兔日粮中一般可用到16%～30%。

据实验，用箭叶黄体芋100%取代玉米，对采食量、增重和饲料转化率无影响；饲料中30%的发酵马铃薯渣，对兔肉品质和兔的免疫功能无影响，日增重提高51.05%，料重比降低21.25%；肉仔兔日粮中甜菜渣可以替代大麦，同时保持较高的平均日增重和饲料转化率，最佳替代比例为10%～20%。香蕉皮和山药皮可以替代50%玉米，干甜橙可以替代20%玉米。

**（三）蛋白质饲料**

蛋白质饲料是指干物质中粗纤维含量在18%以下，粗蛋白质含量为20%以上的饲料。这类饲料的共同特点是粗蛋白质含量高，粗纤维含量低，可消化养分含量高，容重大，是家兔配合饲料的精饲料部分。主要包括植物性蛋白质饲料、动物性蛋白质饲料、单细胞蛋白质饲料及其他。

（1）植物性蛋白质饲料　肉兔生产中的蛋白质饲料主要有豆类籽实、饼粕类以及其他一些蛋白质含量高的农副下脚料。豆类籽实，如大豆、花生、豌豆、蚕豆等粗蛋白质含量丰富，但由于其中含的抗营养因子，一般不直接用作饲料，需经过蒸煮、压榨等脱毒处理后使用。实际生产中常用的是豆类籽实及饲料作物籽实制油后的副产品——饼粕类，如大豆饼粕、花生饼粕、棉籽（仁）饼粕、菜子饼粕、胡麻饼、向日葵饼、芝麻饼等。

大豆饼（粕）是我国目前最常用的蛋白质饲料，粗蛋白质含量为42%～47%，蛋白质品质较好，尤其是赖氨酸含量可达2.5%～2.8%，是饼粕类饲料最高者。赖氨酸与精氨酸比例适当，异亮氨酸、色氨酸、苏氨酸的含量均较高，可与玉米搭配互补。蛋氨酸不足，矿物质中钙少磷多，且多为植酸磷，富含铁、锌，维生素A、维生素D含量低。在使用大豆饼粕时，要注意检测其生熟程度。饲粮中可占10%～20%。

芝麻饼含粗蛋白质40%左右，蛋氨酸含量0.8%以上，赖氨酸含量不足，精氨酸含量过高。不含对家兔有害的物质，是比较安全的饼粕类饲料。需要注意的是，生产香油后的芝麻酱渣往往含土、含杂（如木屑）高，干燥不及时容易霉变。

棉籽（仁）饼粕因加工方法的不同粗蛋白质含量为22%～44%，品质不太理想，精氨酸高达3.6%～3.8%，而赖氨酸仅为1.3%～1.5%，且利用率较差，蛋氨酸也不足，约为0.4%，因此，在日粮中使用棉籽饼粕时，要注意添加赖氨酸及蛋氨酸，最好与精菜籽饼粕配合使用。由于棉籽仁中含有大量色素、腺体，及对肉兔有害的棉酚，故添加量不宜超过5%，妊娠兔慎用。

菜籽饼粕含粗蛋白质34%～38%，蛋氨酸、赖氨酸含量较高，精氨酸低，矿物质中钙和磷的含量均高，硒含量为1.0mg/kg，是常用植物性饲料中最高者，适口性较差。由于存在有害物质芥子苷，一定要限制饲喂量。

花生饼粕蛋白质含量为44%～49%，有甜香味，适口性好，氨基酸组成不佳，赖氨酸、蛋氨酸含量也较低，而精氨酸含量高达5.2%，是所有动、植物饲料中最高的。花生饼粕中含残油较多，在贮存过程中，要特别注意防止黄曲霉毒素的产生。

葵花籽（仁）饼粕粗蛋白质含量为28%～32%，蛋氨酸含量高，赖氨酸不足。葵花籽饼粕中含有毒素（绿原酸），但饲喂家兔未发现中毒现象。

胡麻饼粕代谢能值偏低，粗蛋白质为30%～36%，赖氨酸及蛋氨酸含量低，精氨酸含量高，为3.0%，粗纤维含量高，适口性差。其中含有亚麻苷配糖体及亚麻酶，过量容易引起中毒，使生长受阻，生产力下降。

玉米提取油脂和淀粉的加工过程中会产生四种副产品，玉米浆、胚芽粕、玉米麸质饲料和蛋白粉。玉米浆中溶解有6%左右的玉米成分，大部分是可溶性蛋白质，还有可溶性糖、乳酸、植酸、微量元素、维生素和灰分；玉米胚芽粕含20%的粗蛋白质，还有脂肪、各种维生素、多种氨基酸和微量元素。适口性好，容易被动物吸收；玉米麸质饲料含粗蛋白质20%；玉米蛋白粉蛋白质的含量变异很大，在25%～60%。蛋白质的利用率较高，氨基酸的组成特点是蛋氨酸含量高而赖氨酸不足。玉米蛋白粉在家兔饲料中可添加2%～5%。

（2）动物性蛋白质饲料　动物性蛋白质饲料是用动物产品加工过程中的副产品，主要包括鱼粉、肉骨粉、血粉等。含蛋白质较多，品质优良，生物学价值较高，含有丰富的赖氨酸、蛋氨酸及色氨酸，含钙、磷丰富且全部为有效磷，还含有植物性饲料缺乏的维生素 $B_{12}$。由于其特有的腥味，一般只在母兔的泌乳期及生长兔日粮中少量（小于5%）添加。

鱼粉是优质的动物性蛋白质饲料，蛋白质含量为55%～75%，含有全部必需氨基酸，赖氨酸、蛋氨酸较高而精氨酸偏低，生物学价值高。含有对家兔有利的“生长因子”，能促进养分的利用。但鱼粉特有的鱼腥味肉兔比较敏感，添加量不宜超过3%。购买鱼粉时，要注意检测其质量，防止伪造掺假。

肉粉及骨肉粉是不适于食用的动物躯体及各种废弃物经高温、高压灭菌，脱脂干燥而成。产品的营养价值取决于原料的质量。肉粉粗蛋白质含量为50%～60%。含骨量大于10%的称为肉骨粉，粗蛋白质含量为35%～40%。这类饲料赖氨酸含量较高，蛋氨酸及色氨酸较低，含有较多的B族维生素，维生素A、维生素D较少，钙、磷含量较高，磷为有效磷。肉骨粉在选用中需注意原料来源，谨防原料中混有传染病病原。目前许多国家已经全面禁止在动物饲料中使用动物加工副产品制成的肉骨粉。

血粉是以动物的血液为原料，经脱水干燥而成。粗蛋白质高达80%～85%，赖氨酸高达7～9%，富含铁，但适口性差，消化率低，异亮氨酸缺乏，在日粮中配比不宜过高。

（3）单细胞蛋白质饲料　也叫微生物蛋白、菌体蛋白，是单细胞或具有简单构造的多细胞生物的菌丝蛋白的统称。主要包括酵母、细菌、真菌及藻类。

酵母菌应用最为广泛，其粗蛋白质含量40%～50%，生物学价值介于动物性和植物性蛋白质饲料之间，氨基酸组成全面，赖氨酸、异亮氨酸及苏氨酸含量较高，蛋氨酸、精氨酸及胱氨酸较低。含有丰富的B族维生素。常用的酵母菌有啤酒酵母和假丝酵母。

藻类是一类分布最广，蛋白质含量很高的微量光合水生生物。目前，开发研究较多的是螺旋藻，其繁殖快、产量高，蛋白质含量高达58.5%～71%，且质量优、核酸含量低，只占干重的2.2%～3.5%，极易被消化和吸收。

**(四) 矿物质饲料**

矿物质饲料一般指为家兔提供钙、磷、镁、钠、氯等常量元素的一类饲料。常用的有食盐、石粉、贝壳粉、骨粉、磷酸氢钙等。

食盐的主要成分是氯化钠，用其补充植物性饲料中钠和氯的不足，还可以提高饲料的适口性，增加食欲。喂量一般占风干日粮的0.5%左右。使用食盐的注意事项：喂量不可过多，否则引起中毒。当使用肉粉及动物性饲料时，食盐的喂量可少些。饲用食盐粒度应通过30目标准筛，含水量不超过0.5%，纯度应在95%以上。

石粉、贝壳粉是廉价的钙源，含钙量分别在38%和33%左右。

骨粉是常用的磷源饲料，磷含量一般为10%～16%，利用率较高。同时还含有钙30%左右。在使用时要注意新鲜性及氟的含量。

磷酸氢钙的磷含量在18%以上，含钙不低于23%，是常用的无机磷源饲料。

（五）饲料添加剂

饲料添加剂是指在配合饲料中加入的各种微量成分，具有完善饲料的营养性，提高饲料的利用率，促进家兔的生长和预防疾病，减少饲料在贮存期间的营养损失，改善产品品质的作用。通常情况下，家兔的配合饲料，一般都能满足家兔对能量和蛋白质、粗纤维、脂肪等的需要。但微量元素和维生素则需要额外添加。按照《饲料和饲料添加剂管理条例》，饲料添加剂分为：营养性饲料添加剂、一般性饲料添加剂和药物饲料添加剂。根据使用效果又可分为营养性饲料添加剂和非营养性饲料添加剂。

1. 营养性添加剂

营养性添加剂的目的在于弥补家兔配合饲料中养分的不足，提高配合饲料营养上的全价性。包括氨基酸添加剂、微量元素添加剂、维生素添加剂。

（1）氨基酸添加剂　一般在家兔的全价配合饲料中添加0.1%～0.2%的蛋氨酸，0.1%～0.25%的赖氨酸可提高家兔的日增重及饲料转化率。

（2）微量元素添加剂　主要是补充饲粮中微量元素的不足。使用这类添加剂必须根据饲粮中的实际含量进行补充，避免盲目使用。

（3）维生素添加剂　在舍饲和采用配合饲料饲喂家兔时，尤其是冬春枯草期，青绿饲料缺乏时常需补充维生素制剂。

2. 非营养性添加剂

为保证或者改善饲料品质、提高饲料利用率而掺入饲料中的少量或微量物质。包括生长促进剂、驱虫保健剂、中草药饲料添加剂、抗氧化剂、防霉剂、饲料调质剂等。

（1）生长促进剂　指能够刺激动物生长或提高动物的生产性能，改善饲料转化效率，并能防治疾病和增进动物健康的一类非营养性添加剂。包括酶制剂、益生素、寡糖、酸化剂、抗生素以及合成抗菌剂（磺胺类、喹恶啉类）等。

（2）驱虫保健剂　是兽用驱虫剂在健康家兔的饲料中按预防剂量添加。其作用是预防体内外寄生虫，减少养分消耗，保障家兔的健康，提高生产性能。许多驱虫药物具有毒性，只能短期使用，不能长期作为添加剂使用。

（3）中草药添加剂　近年来，国内研究开发的中药添加剂种类很多，如黄芪粉、兔催情添加剂、兔增重添加剂等在家兔生产中正在发挥着越来越大的作用。

（4）抗氧化剂　是一类添加于饲料中能够阻止或延迟饲料中某些营养物质氧化，提高饲料稳定性和延长饲料贮存期的微量物质。目前使用最多的是：乙氧喹（山道喹）、二丁基羟基甲苯（BHT）、丁羟基苯甲醚（BHA）、维生素E等。

（5）防霉剂　是一类具有抑制微生物增殖或杀死微生物，防止饲料霉变的化合物。目前使用最多的是丙酸、丙酸钙、丙酸钠等丙酸类防霉剂。

（6）饲料调质剂　能改善饲料的色和味，提高饲料或畜产品感观质量的添加剂。如着色剂、风味剂（调味剂、诱食剂）、黏合剂、流散剂等。

## 二、肉兔饲料营养价值的评价

饲料营养价值评定是动物营养研究的基本方法手段，也是建立饲料数据库，为工业饲料产品的研发和生产、畜禽养殖提供基本参数的主要手段。饲料营养价值的评定，有利于更深层次挖掘饲料资源，为畜禽日粮的科学搭配提供可靠的依据，对提高畜牧养殖效率，实现养殖生产的现代化、科学化具有举足轻重的作用。

**（一）影响饲料营养价值评定的因素**

了解影响饲料营养价值的因素，对选择合理的加工方式、合理利用饲料、提高饲料的利用率具有指导意义。

（1）动物因素　不同肉兔品种、年龄、性别、生理阶段等因素都会对饲料营养价值评定结果产生影响。据实验，加利福尼亚兔的饲料转化率高于大耳白兔和比利时兔，青年兔和成年兔对饲料的消化利用率高于消化系统正处于发育阶段，肠道微生物群系不完善的幼兔。

（2）饲养模式和日粮　饲养模式和日粮在饲料营养价值评定方面有着非常重要的影响。据实验，一料到底模式饲料转化率低于 NRC 饲养模式和克里莫饲养模式，颗粒料的饲料转化率高于粉料。

（3）试验环境　肉兔所处的试验环境条件在一定程度上促进或制约着动物对饲料的消化利用情况。一般情况下，高温会使动物的胃肠道的蠕动慢下来，由于饲料在消化道中会有较长时间的停留，所以饲料的消化率会相对高些。

**（二）饲料营养价值评定**

饲料营养价值是指饲料本身所含营养分以及这些营养分被动物利用后所产生的营养效果。定量分析饲料的营养价值，掌握饲料在不同动物生长中的转化利用情况，有助于更合理地将饲料应用于动物日粮配比中，对科学化、集约化饲养具有重大意义。

1. 饲料营养价值评定方法

饲料营养价值评定方法大致有感官评定法、概略养分分析法、能量的评定和近红外光谱分析法等；关于饲料营养成分的可利用性，它的评定方法通常是应用动物体内试验法和体外试验评价法。下面介绍通过化学分析、消化代谢试验、平衡试验和饲养试验来评定饲料营养价值的方法。

（1）原料采集与处理　从待测原料不同部位随机取样，混匀后，用四分法采得次级样品。根据测定指标要求粉碎，过筛。主要分析指标样品粉碎粒度分别为：水分、粗蛋白质、粗脂肪、粗灰分、钙和磷指标粉碎粒度为40目；粗纤维、中性洗涤纤维、酸性洗涤纤维和酸性洗涤木质素指标粉碎粒度为10目。

（2）原料营养价值测定　依据《饲料分析及饲料质量检测技术》测定饲料原料营养价值。包括总能（氧弹式热量计直接测热法）、粗蛋白质（凯氏定氮法）、粗纤维（范式纤维分析法）、酸性洗涤纤维（范式纤维分析法）、中性洗涤纤维（范式纤维分析法）、粗脂肪（索氏抽提法）、粗灰分（550℃灼烧法）、钙（高锰酸钾滴定法）、磷（钼黄比色法）等。

（3）消化实验　将饲料原料以15%的比例替代基础饲粮作为试验日粮，选择若干生长肉兔分别饲喂基础日粮和试验日粮，采用全收粪法进行消化试验。记录和称量每只兔每天的实际采食量。每天10:00收集全部新鲜粪便，清除粪球上的兔毛后称重，将新鲜粪便平均分为2份，一份用10%盐酸溶液固定挥发性氮，用于测定粗蛋白质（CP）含量，另一份不添加10%盐酸溶液，用于分析其他常规营养成分。试验结束，将收集的粪便充分混匀后，置入烘箱中65～70℃烘干，取出后在空气中回潮24h后称重，测定初水分后将风干样品粉碎。

（4）指标测定　分别采集基础和试验饲粮、粪便样品，测定各样品中常规营养物质成分，具体方法同上。

（5）饲料营养物质消化率计算　饲粮中营养物质的表观消化率（%）＝100×（食入营养物质量－对应粪中营养物质量）/食入营养物质量。

被测饲料中营养物质消化率计算公式为：

$$D(\%) = (A - B)/F \times 100 + B, F = C_1 f/[C_1 f + C_0(1 - f)]$$

式中：$D$ 为被测饲料中某营养物质消化率；$A$ 为试验饲粮中该营养物质消化率；$B$ 为基础饲粮中该营养物质消化率；$F$ 为被测饲料提供的该营养物质占试验饲粮总营养物质的比例；$f$ 为试验饲粮中掺入被测饲料的质量百分比；$C_0$ 为基础饲粮中该营养物质的含量；$C_1$ 为被测饲料中该营养物质的含量。

饲粮和被测饲料的表观消化能计算公式：

饲粮和被测饲料的表观消化能（MJ/kg）=饲粮和被测饲料的总能×饲粮和被测饲料中能量的表观消化率

原料的可消化蛋白（%）=原料中的蛋白含量×原料的蛋白消化率

2. 不同饲料的营养含量和营养消化率

将近年来本课题组测定的部分饲料原料的营养成分和营养物质的消化率列入下表（表3－13，表3－14），以供参考。

表3－13　部分饲料营养成分含量　（MJ/kg,%）

| 项目 | 总能 | 干物质 | 粗蛋白质 | 粗纤维 | 中性洗涤纤维 | 酸性洗涤纤维 | 粗脂肪 | 粗灰分 | 钙 | 磷 | 无氮浸出物 |
|---|---|---|---|---|---|---|---|---|---|---|---|
| 燕麦皮 | 17.05 | 93.11 | 2.86 | 29.06 | 76.96 | 38.91 | 1.67 | 3.41 | 0.30 | 0.06 | 56.10 |
| 甜叶菊 | 17.66 | 93.98 | 16.62 | 28.70 | 55.66 | 34.49 | 3.74 | 10.55 | 1.24 | 0.60 | 34.36 |
| 芦苇草 | 12.69 | 91.22 | 7.10 | 35.46 | 74.5 | 49.70 | 2.85 | 8.08 | 0.52 | 0.11 | 37.74 |
| 糖渣 | 18.24 | 93.52 | 17.03 | 27.73 | 68.69 | 43.33 | 8.92 | 4.98 | 0.58 | 0.63 | 39.76 |
| 玉米 | 16.33 | 87.71 | 6.93 | 3.19 | 31.47 | 3.18 | 2.60 | 1.34 | 0.02 | 0.18 | 73.66 |
| 小麦 | 16.30 | 89.79 | 14.51 | 3.70 | 39.87 | 4.81 | 0.57 | 2.45 | 0.07 | 0.32 | 68.56 |
| 高粱 | 16.29 | 89.96 | 9.32 | 4.51 | 63.54 | 5.74 | 1.58 | 2.21 | 0.03 | 0.36 | 72.35 |
| 早稻 | 16.04 | 90.12 | 7.95 | 10.53 | 17.65 | 9.78 | 1.17 | 3.58 | 0.04 | 0.29 | 66.89 |
| 脱脂米糠 | 15.73 | 90.41 | 14.79 | 12.75 | 33.97 | 15.07 | 0.32 | 10.15 | 0.23 | 1.87[c] | 52.41 |
| 芝麻饼 | 18.36 | 91.93 | 43.48 | 7.29 | 17.53 | 9.71 | 11.13 | 12.66 | 1.71 | 1.15 | 17.37 |
| 核桃粕 | 17.06 | 92.98 | 43.62 | 18.91 | 13.67 | 11.06 | 3.84 | 4.23 | 0.80 | 0.75 | 30.36 |
| 葵花粕 | 17.81 | 89.40 | 27.24 | 19.20 | 43.62 | 25.58 | 0.92 | 7.05 | 0.41 | 0.69 | 35.00 |
| 豆粕 | 17.34 | 88.43 | 44.99 | 7.38 | 13.15 | 7.97 | 1.89 | 6.3 | 0.33 | 0.56 | 27.80 |

表 3－14　部分饲料营养成分消化率　　（%）

| 项目 | 干物质 | 粗蛋白质 | 粗纤维 | 中性洗涤纤维 | 酸性洗涤纤维 | 粗脂肪 | 粗灰分 | 钙 | 磷 | 无氮浸出物 |
|---|---|---|---|---|---|---|---|---|---|---|
| 燕麦皮 | 75.31 | 57.25 | 26.14 | 42.57 | 19.17 | 72.04 | 24.81 | 26.88 | 24.57 | 86.36 |
| 甜叶菊 | 56.85 | 43.49 | 25.46 | 52.84 | 25.99 | 70.22 | 25.10 | 26.28 | 32.41 | 50.37 |
| 芦苇草 | 50.93 | 51.22 | 29.42 | 23.58 | 21.28 | 65.34 | 32.58 | 48.19 | 33.22 | 68.50 |
| 糖渣 | 76.87 | 64.37 | 23.44 | 50.00 | 24.75 | 79.59 | 34.10 | 60.30 | 18.75 | 82.77 |
| 玉米 | 68.93 | 80.65 | 31.48 | 39.68 | 27.91 | 83.87 | 55.14 | 58.94 | 20.02 | 79.18 |
| 小麦 | 69.02 | 80.33 | 31.23 | 39.84 | 26.67 | 83.08 | 57.05 | 55.86 | 21.26 | 79.26 |
| 高粱 | 68.83 | 80.45 | 30.90 | 39.24 | 24.99 | 83.81 | 54.06 | 48.43 | 19.86 | 79.07 |
| 早稻 | 65.41 | 77.97 | 25.07 | 28.07 | 32.85 | 77.43 | 53.78 | 49.20 | 14.74 | 74.15 |
| 脱脂米糠 | 60.53 | 68.68 | 22.42 | 26.20 | 25.60 | 60.99 | 66.86 | 67.20 | 15.47 | 61.87 |
| 芝麻饼 | 51.32 | 63.89 | 22.21 | 26.27 | 19.37 | 78.12 | 62.31 | 68.91 | 49.29 | 73.55 |
| 豆粕 | 54.50 | 87.49 | 17.42 | 30.31 | 24.08 | 85.43 | 63.20 | 70.65 | 53.13 | 75.79 |
| 核桃粕 | 60.76 | 75.72 | 16.69 | 34.85 | 22.00 | 67.31 | 61.18 | 66.66 | 50.29 | 74.8 |
| 葵花粕 | 48.78 | 52.34 | 17.85 | 47.5 | 25.13 | 43.1 | 36.39 | 52.97 | 43.7 | 56.50 |

## 三、饲料的加工调制

饲料经过加工调制后能充分发挥其营养价值，对提高现有饲料资源的利用有重大意义。通过加工调制，可以改变原料的体积和理化性质，改善适口性，能够促进肉兔采食，减少浪费。还能够改变饲料的理化性能，提高营养利用，减少抗营养因子和毒素，便于贮藏和运输。

### （一）青绿饲料

采集的青饲料要清洁，不带泥水、露水，不带刺，未受农药污染。采集的青饲料宜摊开，以免变质。不要蒸煮或用热水烫。霉烂变质饲料绝对不能喂兔。

### （二）青干草的调制

盛花期之前刈割的青草应尽快晒制成干草，晒制过程越短，养分损失越少。有条件的采用人工干燥方法，比晒制的干草品质要好得多。干草的含水量要适当，防止霉变。在贮运过程中，要防止草叶脱落。品质好的干草，应该是色青绿，味芳香。饲喂时可以整喂，但浪费较多；也可以粉碎成草粉与精料粉料混合喂。

**（三）精饲料**

精料种类较多，不同精料采用不同的加工调制方法。

（1）压扁与粉碎　小麦、大麦、稻谷、燕麦等可整粒喂兔，兔也喜欢吃，但玉米颗粒大而坚硬，应粉碎饲喂。饲喂整粒谷物，不仅消化率低，而且不易与其他饲料均匀混合，也不便于配制全价日粮。一般认为，谷物饲料应压扁或粉碎后再喂。粉碎粒度不宜太细，太细有可能引起拉稀。适于家兔的粉粒直径以 1 ~ 2 毫米为宜。

（2）浸泡与蒸煮　豆科籽实及其生豆渣必须经蒸煮后饲喂。因为生豆类饲料内含抗胰蛋白酶，通过蒸煮，可以消除其有害影响，而且经水浸泡后膨胀变得柔软，容易咀嚼，从而提高其适口性和消化率。浸泡的时间应掌握在 20min 左右，浸泡时间过长，养分被水溶解造成损失，适口性也降低，甚至变质。

（3）去毒　棉籽饼、菜籽饼富含蛋白质，但它们都含有毒素，在使用之前必须进行去毒处理，而且要限制喂量。

（4）发芽　冬季在青饲料缺乏情况下，由于维生素缺乏，往往影响家兔的繁殖率。因此，在生产上常常采用大麦发芽进行补饲，发芽后的大麦中胡萝卜素、核黄素、蛋氨酸和赖氨酸含量明显增加。

**（四）配合饲料的加工与调制**

目前肉兔配合饲料以颗粒饲料为主，将配合饲料制成颗粒，可以使淀粉熟化；可以使大豆、豆饼及谷物饲料中的抗营养因子钝化，减少其对家兔的危害。因此，制粒可显著提高配合饲料的适口性和消化率，提高生产性能，减少饲料浪费；便于贮存运输，同时还有助于减少疾病传播。生产工艺流程主要包括除杂、粉碎、计量、混合、调制、制粒、包装等几步。在加工时具体要求如下。

（1）原料粉粒的大小 制造兔用颗粒饲料所用的原料粉粒过大会影响家兔的消化吸收，过小易引起肠炎。一般粉粒直径以1～2mm为宜。其中添加剂的粒度以0.18～0.60mm为宜，这样才有助于搅拌均匀和消化吸收。

（2）粗纤维含量 颗粒料所含的粗纤维以12%～14%为宜。

（3）水分含量 为防止颗粒饲料发霉，水分应加以控制，北方低于14%，南方低于12.5%。由于食盐具有吸水作用，在颗粒料中，其用量以不超过0.5%为宜。另外，在颗粒料中还可适当加入防霉剂和抗氧化剂。

（4）颗粒的大小 制成的颗粒直径应为4～5mm，长应为8～10mm，用此规格的颗粒饲料喂兔收效最好。

（5）制粒过程中的变化 在制粒过程中，由于压制作用使饲料温度提高，或在压制前蒸汽加温，使饲料处于高温下的时间过长。高温对饲料中的粗纤维、淀粉有些好的影响，但对维生素、抗生素、合成氨基酸等不耐热的养分则有不利的影响，因此，在颗粒饲料的配方中应适当增加那些不耐高温养分的比例，以便弥补遭受损失的部分。

**（五）预混料的加工制作**

预混料的生产工艺主要包括原料选择、载体选择、原料预处理、配料、混合等几个步骤。

（1）原料选择 原料选择主要考虑的因素是价格、生物学效价和加工保存的方便，在三方面综合评价的基础上选择合适的原材料。

（2）载体选择　一般要综合考虑载体的承载能力、加工工艺、稳定性及价格等多方面因素，常用的维生素添加剂载体有次粉、脱脂米糠、淀粉、玉米面、玉米芯粉等，微量元素预混料载体主要有石粉、白陶土、沸石粉、碳酸钙等。

（3）原料预处理　主要是对微量成分的预稀释及易失活有效成分的包被剂稳定化处理。常用的方法有干燥处理、包被处理、添加防结块剂等。

（4）配料　配料是指将选择处理好的原料按比例混合均匀，并加入防腐抗氧化剂，制成合格的产品。在配料过程中各种原料除了要达到一定的物理化学指标要求外，在添加顺序上也有一定要求，首先添加1/2～2/3的载体，然后加入各种有效成分及抗氧化剂，在加入过程中，注意应将有效成分均匀撒在载体上，然后再加入剩余载体进行混合，在混合之前加入1%～3%的优质矿物质油或植物油，可以防止在混合过程中产生大量粉尘，并提高载体承载能力及降低静电。

（5）混合　混合是指将配好的各种饲料原料在混合机中经一定方式混合均匀，变异系数应小于5%。

# 第六节　肉兔饲养管理

## 一、一般饲养管理技术

### （一）饲养的一般原则

（1）粗料为主，精料为辅　基于肉兔的草食习性，其饲料组成应以青粗饲料为主。

（2）保证原料品质，合理调制　注意饲料的安全性，比如：霉烂变质饲料、带泥土和露水饲料、带虫卵或被污染的饲料、冰冻的饲料、二茬高粱苗或玉米苗、生的豆类以及发芽马铃薯等不可喂兔。在饲料配方设计时，做到合理搭配，使饲粮的营养趋于全面、平衡。

(3) 更换饲料应逐步过渡　通常在更换饲料时要经过5～7d逐渐过渡，以便其采食习惯、消化酶的分泌以及大肠内微生物的种类和比例逐渐适应新饲料特点。突然改变饲料，不仅会使家兔采食量下降，严重时会导致消化道疾病，甚至因强烈应激而导致死亡。

(4) 规范饲喂制度　生产中，肉兔饲喂有自由采食、定时定量两种饲喂方式。自由采食，就是在料槽中常有饲料，任肉兔自由采食，这种采食方法节省劳力，适用于大型养殖场的颗粒料。定时定量，则是规定每天饲料的数量、饲喂时间和饲喂次数，使肉兔形成固定的采食习惯，便于形成消化吸收的条件反射。因兔在夜间采食量大，应注意夜间饲料的供给。由于肉兔所处的生理发育阶段不同，饲喂制度应做适当调整，一旦制定不可轻易改变。采取何种饲喂方式，取决于每个兔场的具体情况，不可生搬硬套。

(5) 充足清洁的饮水　水是肉兔机体的重要组成部分，缺水将影响其代谢活动的正常进行。兔的饮水必须新鲜清洁，符合国家饮用水标准。兔的需水量与体重、生理状态（如哺乳、空怀）、季节以及日粮组成有关，其饮水量大致为：每采食1kg干物质需水2.0～2.3kg，或饮水量占体重的10%～14%，泌乳母兔加倍。

**（二）管理的一般原则**

(1) 注意卫生，保持干燥　肉兔具有喜清洁、爱干燥的生活习性，且抗病能力差，因此，在兔舍日常管理必须搞好环境卫生并保持干燥，以减少病原微生物的滋生繁殖，有效地防止疾病的发生。

(2) 保持安静，防止惊扰　肉兔听觉灵敏，胆小怕惊，一旦兔舍中有突然声响或陌生人或动物出现，立即惊慌不安，在笼内狂奔乱撞，产生严重后果。因此，在日常的饲养管理工作中接近兔笼、兔舍和兔群时，要轻手轻脚，保持安静环境。

(3) 合理分群，便于管理　兔场应根据兔舍容量、生产目的及方式、兔子的年龄和性别等，实行分群管理。种公兔和繁殖母兔必须实行单笼饲养，以防止早交乱配；幼兔可根据日龄、体重大小，采取小群饲养，但群体不宜太大。

(4) 注意观察　平时重点观察肉兔采食情况、粪便质和量的变化、精神状态、鼻孔的干洁情况、牙齿是否正常、毛皮和足底健康状况等。及时发现病症，做到对兔群疾病的早发现、早确诊、早治疗，使一些传染病消灭在萌芽状态。一旦发生疫病，要立即将病健兔隔离饲养，对病兔实行隔离紧急治疗。

(5) 温度控制　兔汗腺退化，对体温的调节能力很差。尤其夏季高温环境中，肉兔采食量下降，生产性能和繁殖性能均受影响。虽然成年肉兔耐寒怕热，但当兔舍温度低于10℃时就会影响公母兔的正常繁殖。因此高温季节应采取有效的防暑降温措施，冬季注意保温。

(6) 加强消毒，防治疫病　兔场笼舍要定期清理消毒，尤其进舍前或出栏后必须进行彻底消毒，是预防疾病发生和控制传播的必要手段和措施。兔笼和相关部件可以用火焰喷灯依次瞬间消毒，也可以选择对设备没有腐蚀性、无残留毒性的消毒药物，如石灰、烧碱、煤酚皂及农福、百毒杀等进行消毒。进入生产区的工作人员，必须更衣、换鞋、踩踏消毒池消毒，而后在消毒间进行紫外线照射5min。按照免疫程序接种兔瘟疫苗、巴氏杆菌疫苗等，并要在幼兔饲料或饮水中添加球虫病药物。

（7）人员固定，人兔亲和　在肉兔日常的饲养管理中，特定的饲养员和他管理的家兔形成了固定的联系。一方面，肉兔对饲养员的声音、气味、操作手法比较熟悉，一旦突然更换饲养员，可能因为肉兔对新饲养员的不适应而影响采食；另一方面，新饲养员不了解每只兔子的特点，如不同的泌乳母兔的采食量是不同的，采取“一刀切”会使有的营养不足，有的营养过剩。而对于刚刚断奶的小兔，喂量过多或过少产生的危害可能更大。另外，对于肉兔要有爱心，不大声呵斥、打骂，营造亲和的人兔关系，不同态度对待所饲养的动物，其生产性能是完全不同的。

### （三）一般管理技术

#### 1. 捉兔方法

捉兔是管理上最常用的技术，配种、健康检查、转群时都必须采用规范的捉兔方法。初学养兔的人往往掌握不了要领，不仅容易对家兔造成伤害，还容易被抓伤。家兔耳朵大而直立，但都是软骨，不能承受全身重量，强抓两耳容易使耳根受伤；抓家兔腰部会伤及内脏，家兔反抗激烈的话还有弄折腰椎的危险；较重的家兔，如拎起任何一部分的表皮，易使肌肉与皮层脱开，对兔的生长、发育有不良影响。

正确的捉兔方法是伸手进笼不要急于捉兔，先用手顺毛按摩头部，等家兔安静下来时，一手抓住两耳及颈皮，一手托住后躯，使重力倾向托住后躯的手上，取出家兔。要领如下。

第一，迎头。一般用右手掌前迎兔子的头部，阻止其逃脱。

第二，压耳。顺势将兔子的双耳压于肩部。

第三，抓肩。右手将两耳和肩部皮肤尽量大面积抓住。抓的面积越大，兔子挣脱的可能性越小，疼痛也越轻。

第四，翻腕。将手腕向上翻转，使兔子的腹部向上，防止它用四肢紧紧抓住笼具，硬性外拖而将其指甲甚至脚趾弄伤。

第五，外撤。将家兔腹部朝上，外撤至笼具外面。

第六，托臀。当兔子被拖出的瞬间，另一只手托住其臀部，使重心放在这一只手上。尤其是对于体重较大的种兔，更要谨慎。

2. 年龄鉴别

一般正规兔场种兔会有系统的系谱档案，或出生记录。但在中小型兔场没有档案可查的情况下，就需要根据经验推测家兔年龄。主要根据爪、牙齿、皮肤、体重、眼神等特征来做出判断，要领如下。

（1）爪子　白色兔根据爪的颜色和形状来判断，仔幼阶段，爪呈肉红色，尖端略发白，1 岁时肉红色与白色长度几乎相等，1 岁以上白色长于红色；有色的兔则可根据趾爪的长度与弯曲来区别，青年兔趾爪较短，直平，隐在脚毛中，随年龄的增长，趾爪露出脚毛之外，而且爪尖钩曲。

（2）牙齿　青年兔门齿洁白短小，排列整齐，老年兔门齿黄暗，厚而长，排列不整齐，有时破损。

（3）皮肤　青年兔皮薄紧凑，富有弹性，而老龄兔皮板厚而松弛，弹性降低。

此外，还可根据家兔的体重、眼神等特征来帮助判断。一般青年兔体重小，成年兔体重大，年龄越小的肉兔眼神越活跃，兴奋，年龄大的肉兔眼神相对稳定。在需要对肉兔进行年龄鉴定时，不能仅通过一种或两种特征而下结论，要从整体考虑，综合判断。

3. 性别鉴定

性别鉴定是肉兔饲养过程中的基本工作，尤其刚刚生下来的仔兔，必须淘汰部分的时候，必要进行性别鉴定，而一般生产中最晚在断奶时就要进行性别鉴定。

初生仔兔的性别鉴定主要观察其阴部孔洞的大小、性状以及和肛门之间的距离。孔洞圆形，略小于肛门，距肛门较远，阴部前方有一对白色的小颗粒（阴囊的雏形）者为公兔；阴部孔洞扁形而略大，与肛门大小接近，距肛门较近，阴部前方有一对白色的小颗粒则为母兔。

断奶仔兔和青年兔进行性别鉴定时，一只手抓住仔兔的双耳和颈部皮肤，另一只食指和中指夹住尾根外翻，同时用拇指按压外生殖器前方，使外生殖器外露，口部突出呈圆柱形者是公兔；若呈尖叶形，裂缝延至下方，接近肛门的是母兔。

4. 编刺耳号

规模化兔场为了便于生产性能评价，种兔的选留选配和建立种兔档案，需要按照一定规律给肉兔编制耳号。一般在断奶后编刺耳号，耳号一般由5~7个数字或字母组成，尽可能多地体现信息，如品种、性别、出生时间、个体号等。通常第一个字母表示肉兔品种，如新西兰兔用“N”或“X”表示，加利福尼亚兔用“C”或“J”表示；第2~第6个数字表示出生年、月、日；最后一个数字表示出生时的顺序。一般性别表示有两种方法，一种是双耳表示法，即公兔耳标打在左耳上，母兔耳标打在右耳上；另一种是单双号表示法，即公兔为单号，母兔为双号。编号方法有以下几种。

（1）墨刺法　小规模兔场，用蘸水笔尖蘸取醋墨直接刺耳号，刺时耳背部垫一块橡胶板，可控制针刺力量和深度。该方法的缺点每个数字或字母是用若干次刺点组成，每刺一下，小兔子就要忍受一次疼痛，受到的应激比较严重，效率也非常低。由于手法不同，号码不规范，日后不易辨认。

（2）耳号钳法　采用的工具为特制的耳号钳和与耳号钳配套的数字钉、字母钉。先将耳号钉按编码顺序插入耳号钳内固定，然后在兔耳内侧血管较少处，用碘酒消毒要刺的部位，待碘酒干后涂上醋墨（用醋研磨的墨，或墨汁中加 20% ~30% 的食醋），再用耳号钳夹住要刺的部位，用力紧压，刺针即刺破表皮。再用干棉球涂抹即可，数日后即可呈现出蓝色号码，永不褪色。该种耳号钳优点是可以根据需要灵活编排耳号。这种耳号钳每打一个耳号，就要更换数字码，比较烦琐，效率较低。

经过改进后的耳号钳，如同我国使用的可调式日期戳，5 排号码数字并列排放在耳号钳内，而且分别固定在 5 个可转动的轴上，用手拨动即可调整数字，更换号码的时候轻轻转动末尾的号码轴即可，大大提高了工作效率。

（3）耳标法　塑料子母扣耳标在目前应用最为广泛。由带激光编码的子扣和有小孔的母扣两部分组成。子扣的中间有一箭头状突起。打耳号时，将子扣的箭头状突起刺透耳郭中间偏下的无血管处，并直接穿入母扣的中间小孔内即可。其优点是打耳号快速灵活，疼痛小，感染的机会小。这种耳标需要提前编码序号，不能直观体现个体全部信息，需要配合详细的档案记录。同时，在捕捉兔子时，兔子感到疼痛。随着网络和二维码技术的推广，现代规模化兔场将更多的信息融入二维码中，通过扫码器直接与电脑连接，可以读取兔场信息、肉兔信息、免疫信息、管理信息等数据，代表着动物耳标的发展趋势。

5. 给药方法

肉兔饲养过程中家兔疾病，我们主张以预防为主，对于规模化兔场，建议坚持“防病不见病，见病不治病”原则，但对于没有传染危险或利用价值较高的种兔，可予以药物治疗。除了对症用药外，还要根据药物性质、治疗目的选择合适的给药途径，包括口服、注射和局部用药等。油剂不能静注，氯化钙只能静注，而不能肌内注射，否则会引起局部发炎坏死，硫酸镁口服有良好的导泻功能，而注射给药，能起到镇静、抚惊厥等作用。

口服给药，是生产中最常用的给药方法，操作简单，使用方便，适用于多种药物，尤其治疗消化道疾病。主要通过饮水、拌料、直接口服等途径给药。易溶于水的药物可以直接按照一定比例加入水中，由兔自由饮用，通常用于全群预防性给药；不溶于水的粉末状药物可按比例混合到饲料中，再压制颗粒饲料。通过拌料途径给药的关键是务必混匀，否则易发生药物中毒。这种方法也适用于全群范围的预防性或治疗性给药；对于片状或液体的药物，可直接口腔投喂的方式给药。利用家兔犬齿缺位的特点，手指从缺位处伸入，直接将药片送至口腔的会咽处，家兔会有吞咽的条件反射而将药物吞下，液体药物可用注射器或滴管吸取药物再从口角灌入。此外对于有异味、毒性大或已经废食的家兔还可采用胃管投药，这种方法操作不易，费时费力，适用于利用价值较高，有挽救意义的病兔。

注射给药，这种方法给药吸收起效快，药量易于把握，安全而又节省药物。可分为肌内注射、皮下注射和静脉注射。水剂、油剂、混悬剂均可肌内注射，刺激性较大的药物，需注于肌肉深部，通常在臀肌和大腿内侧注射；皮下注射多用于疫苗接种或局部感染，选皮肤薄、松弛、易移动的部位；而静脉注射多取耳缘静脉，用于补液。

局部给药，包括发生疥癣病（耳癣、脚癣等）、皮肤真菌病、外伤等时的表皮给药，治疗呼吸系统疾病的喷雾，眼、鼻发炎时的消炎药等直接用药于身体局部。

## 二、不同生理阶段肉兔的饲养管理

### （一）种公兔的饲养管理

饲养种公兔的目的是用它来与母兔进行配种，获得大量后代。俗话说“母兔好，好一窝，公兔好，好一坡”，就是说种公兔质量的好坏直接影响着整个兔群的质量，而种公兔质量的好坏又与饲养管理有着密切的关系，所以，种公兔的饲养管理十分重要。为了满足生产上对种公兔的要求，我们在饲养和管理方面应当掌握以下原则。

（1）营养　种公兔种用价值主要体现在精液品质的好坏，而后者又与饲料中的蛋白质、矿物质和维生素等营养物质有着密切关系。饲粮中加入动物性蛋白可使精子活力增强，提高受精能力；缺乏维生素时会引起生殖系统发育不全，睾丸组织退化，性成熟推迟。特别是维生素 A，缺乏时引起睾丸曲细精管上皮细胞变性，精子生成过程受阻，精子密度下降，畸形精子增加；钙缺乏，引起精子发育不全，活力降低，公兔四肢无力，锌缺乏时精子活力下降，畸形精子增多。因此，种公兔的饲粮必须营养全面。生产中通过使用动物性饲料、饲喂青绿饲料或补充复合维生素添加剂和微量元素添加剂来保证饲料营养的全面性。

由于精细胞的发育需要较长的时间，通过优质饲料来改善种公兔的精液品质时，大约需要 20d 的时间。所以公兔的营养水平应保持在一个比较平稳的状态。

（2）饲养　种公兔要求体况健壮、性欲旺盛，并不是越胖越好，相反种公兔过于肥胖会降低其精液品质、抑制性欲。实际生产中往往通过限制饲喂的方法防治公兔过度肥胖，以保持较强配种能力。

限制饲喂主要有限量、限质、限时 3 种方法。采用限量法饲喂的种公兔，每天的饲喂量是一定的。饲喂全价颗粒料时，每只公兔每天的饲喂量不超过 150g，草料混合饲喂时，每只公兔每天补喂精料或颗粒饲料不超过 70g；限质法即限制种公兔饲料的营养物质含量，主要是适当减少原料中能量饲料的比例，以降低饲料的能量水平，相应的增加粗饲料比例，但要保证必需氨基酸、维生素和矿物质的供应；限时法则通过限制种公兔每天的采食时间，控制其营养的摄入量，一般一天料槽中只有5个小时有料，其余时间自由饮水。

(3) 管理

①严格选育优良种兔，种兔要在出生、断奶、3月龄、6月龄四个阶段经过四次选择，生长性能良好，体质健壮且符合种用特征的肉兔留下作为后备兔，不合格的及时转入育肥群。

②及时分群，适时配种，肉兔群居性差，群养时容易因争斗而发生意外，同时为防其早交乱配，在3月龄后要及时分群。青年公兔应适时配种，过早或过晚配种都会影响性欲，降低配种能力。一般大型品种8～10月龄，中型品种5～7月龄，小型品种4～5月龄。

③初配调教，对于第一次配种的公兔，选择性情温驯，发情良好的经产母兔，保证一次成功，并建立良好的条件反射。

④适宜的公母比例，合理使用，本交的兔场，适宜的公母比例为1：(7～8)，种公兔每天配种1～2次，连续配种2d，休息1d。总的利用年限为2～3年，特别优秀的可以适当延长。

⑤定期检查精液品质，对于品质下降公兔分析原因，对于营养、环境因素引起的下滑，要及时纠正，若属于个体机能原因，要及时淘汰。

⑥建立档案，每次配种要做详细记录，包括配种时间、与配母兔、母兔的产仔情况及仔兔的生长发育情况等，便于逐代选择，提高兔群质量。

⑦环境控制，对种公兔影响最大的环境因素是温度，兔舍温度保持在10～20℃有利于维持公兔性欲和保证精液品质。

**（二）种母兔的饲养管理**

母兔是兔场的直接生产者，经过空怀、妊娠、哺乳 3 个生理阶段的循环往复，源源不断地为兔场生产优质肉兔，影响着整个兔群的数量和质量。母兔的饲养管理是一项细致而复杂的工作，要根据不同阶段的生理状态和代谢特点，采取不同的饲养管理措施，以保证母兔生产性能的最大限度发挥。

1. 空怀母兔的饲养管理

母兔的空怀期是指从仔兔断奶到下次配种受孕的间隔期。采用频密式和半频密式繁殖制度的母兔妊娠期和哺乳期有重叠，空怀期很短或几乎不存在，只有采用延迟繁殖制度的母兔有一定的空怀期。在此时期的饲养管理要点如下。

（1）恢复体况　母兔在哺乳期消耗大量养分，在空怀期要供给充足的营养物质，保证蛋白质、维生素和矿物质的均衡供给，使母兔尽快恢复体力，为下一个妊娠期做准备。

（2）限制饲喂　空怀期母兔在供给充足营养的同时也要注意防止母兔过肥，过度肥胖会影响母兔的正常发情和排卵，降低受胎率。限制饲养方法与种公兔相近：自由采食颗粒饲料时，每只每天的饲喂量不超过 140g；混合饲喂时，补喂的精料混合料或颗粒饲料每只每天不超过 50g。

（3）及时免疫　母兔在妊娠和泌乳期间尽量不注射疫苗和投喂药物，应在空怀期抓紧时间进行免疫和预防用药。

（4）仔细观察发情表现　掌握发情的最佳时机适时配种。

2. 妊娠母兔的饲养管理

母兔配种妊娠后到分娩的这段时间叫做妊娠期，这时期的主要饲养任务是供给母兔充足、全面的营养，保证胎儿正常发育。管理任务是保胎、护胎，防止流产确保分娩。

（1）饲养　母兔妊娠期间摄入的营养除了维持自身的生命

活动，还要承担胎儿的生长所需，充足的营养意味着母兔身体健康、胎儿发育好，成活率高。妊娠期所需要的营养物质以蛋白质、维生素和矿物质最为重要。蛋白质是构成胎儿组织的重要成分，供给不足会使胎儿发育不良，死胎增多，初生体重下降，成活率降低。维生素缺乏则会引起胎儿畸形、死胎和流产，矿物质缺乏时仔兔瘦弱，死亡率增加。

实际饲养过程中要根据母兔的体况、妊娠阶段调整饲喂方法和饲喂量。在妊娠前期（1～15d）营养水平与空怀期基本一致，膘情较好的母兔饲粮以青绿饲料为主，切勿能量水平过高，以免造成胎儿的早期死亡，膘情较差的母兔可以适当增加精料喂量，自由采食颗粒料，每只每天的饲喂量不超过150g。妊娠中期（15～20d），逐渐提高营养水平，每天增加投喂量5g左右，到妊娠后期（20～28d）时基本达到150～180g/d，这个阶段胎儿生长发育迅速，增重量占初生重的90%，营养需求非常大，尤其要保证蛋白质和矿物质的供给。围产期（28d至产后3d），母兔大都食欲不振，应适当减少精饲料的喂量，增加青绿饲料的喂量，防止产后消化不良和乳汁分泌过剩造成乳房炎。

（2）管理　妊娠期母兔主要的管理工作总的来说就是保胎，防流产。具体管理要点如下。

①配种后8～10d进行妊娠检查，摸胎要轻柔，不得捏数胎数。确定已经妊娠的母兔应作出明确标记，单笼饲养，无特殊情况不捕捉，不注射疫苗，不投药。

②如必须捕捉时应先抚摸母兔使其安静，按正规捉兔方法将其稳稳托起，做到轻抓轻放，不触及腹部。

③饲养过程中严禁喂给发霉变质或冰冻饲料，否则极易引起流产。冬季最好饮用温水，防止水温过低引发流产，夏季饮用清凉水利于防暑降温。

④保持兔舍清洁干燥，安静，禁止大声喧哗或突然的声响以及动物的闯入。

⑤临近围产期时要做好产前准备，清理消毒产箱，铺上干净垫草，做好接产准备。

⑥分娩时保持现场安静，禁止围观和喧哗，禁止陌生人触摸仔兔。加强新生仔兔的护理，尤其冬季要防止母兔将仔兔产于产仔箱外而使仔兔受冻致死。

⑦分娩后及时提供清洁饮水，也可准备盐糖水，防止母兔由于口渴残食仔兔。

⑧分娩后 1 ~ 3d，每天喂给母兔复方新诺明以预防乳房炎和仔兔黄尿症。

3. 哺乳母兔的饲养管理

哺乳期是指从母兔产仔到仔兔断奶的这段时间。仔兔在哺乳期的生长速度和成活率，主要取决于母兔的泌乳量。所以，这时饲养管理的主要任务是保证泌乳母兔的正常泌乳，提高母兔泌乳力和仔兔成活率。

（1）饲养　母兔泌乳期的长短取决于仔兔的断奶日龄。通常仔兔 30 ~ 35 日龄断奶，这段时间里母兔大量分泌乳汁，饲粮必须营养全面，富含蛋白质、维生素和矿物质。保证哺乳母兔充足的营养，是提高母兔泌乳力和仔兔成活率的关键。

母兔分娩后 1 ~ 2d 内，消化道处于复位阶段，食欲不振，且分泌的乳汁较少，这时每只母兔精料饲喂量控制在 100 ~ 150g/d，适当喂些青绿多汁饲料，否则容易导致消化不良或由于乳汁分泌过多，仔兔吸乳量有限而引发乳房炎。3d 后随着仔兔食量增加，母兔体况逐渐恢复，精料饲喂量也要逐渐提高，直到自由采食。仔兔 14 ~ 20 日龄时母兔泌乳量达到高峰，此时每只母兔颗粒料采食量能够达到 300 ~ 400g/d，而后随着仔兔补料，泌乳量逐渐下降。

(2) 管理

①母兔产前会有拉毛做巢的表现，拉毛越多母性越好。对产前未拉毛的母兔要进行人工辅助拉毛，以刺激其泌乳。

②母兔分娩后及时清理产箱，清除污染的垫草、死胎，保持笼舍和用具的卫生。

③定期检查维修产箱，防止毛刺挂伤母兔乳头，或刺伤仔兔。

④母兔哺乳时保持安静，防止发生吊乳和影响哺乳。

⑤经常检查母兔乳房、乳头，发现硬块、红肿等现象要及时治疗，以免诱发乳房炎。

⑥在母兔泌乳期间，不可轻易更换饲养人员，并应做到人员固定、笼位固定和饲养管理程序固定。不可呵斥、打骂母兔。在母兔没有发情的时候，不可强行配种，努力建立人兔亲和关系。

⑦在保证营养的前提下，可采用蒲公英、苦买菜、苦苦菜、胡萝卜、生大麦芽等进行催奶。

⑧临近仔兔断奶时通过减少或停喂精料，少喂青料，多喂干草或饮用2%～2.5%的冷盐水等方法刺激母兔收奶。

**(三) 仔兔的饲养管理**

从出生到断奶的小兔称为仔兔。仔兔出生时身体各项机能发育不完全，体温调节机能不健全，环境突然改变后，适应性差，抵抗力低。但其生长发育极快，一周体重增加一倍，一个月可增加10倍，相对增重是一生中最大的时期。仔兔这种机能发育不完善、适应外界环境能力差的自身条件与其快速的生长发育之间的矛盾，决定了仔兔生理上的脆弱性。此期的中心任务是进行细致周到的饲养管理，保证仔兔的正常生长发育，提高仔兔成活率。

按照仔兔的生长发育特点，将仔兔期分为三个时期：即睡眠期、开眼期和追乳期。每个时期仔兔的特点不同，饲养管理的侧重点不同。

（1）睡眠期仔兔的饲养管理（出生～11日龄）　睡眠期仔兔是指从出生到11日龄的仔兔，这时的仔兔很少活动，除了吃奶几乎都在睡觉，全身裸体无毛，体温调节能力差。提高本阶段仔兔成活率需要把握以下管理要点。

①吃好初乳，初乳是母兔产后3d内的乳汁，含有丰富的营养物质和抗体，对提高仔兔抗病力和成活率非常重要。在产后6h内要及时检查母乳哺喂情况，保证每只仔兔都能吃到初乳。仔兔吃饱母乳后安静、肚皮圆鼓，皮肤紧绷发亮，否则腹部空瘪，皮肤皱缩，到处乱爬。发现仔兔吃不到、吃不好初乳是要及时查找原因，若母兔乳房膨胀，可挤出乳汁，说明母兔母性不好，应人工辅助哺喂初乳，若母兔乳房无奶，要检查是营养原因还是疾病所致，及时采取补救措施，对于情况严重者要及时调剂仔兔。

②仔兔调剂，母兔产仔数多寡不一，泌乳量不同，为保证仔兔都能吃上母乳，要将产仔多或泌乳量少的母兔所产仔兔调剂给产仔少或泌乳量高的母兔。一般在产后3d内进行调剂，两窝仔兔日龄相差在1～2d为宜。计划留种的仔兔一定要做好记录。

③防止吊乳，睡眠期的仔兔在哺乳过程中，母兔受到突然惊吓或放乳结束会跳出产箱，此时若仔兔没有吃饱，往往叼住乳头不放而被母兔带出产箱，这种现象称为吊乳。吊乳后的仔兔不能自行回到产箱，发现不及时很容易被踩死、冻死。加强母兔饲养，提高泌乳量，保持兔舍安静，避免母兔哺乳时受到惊扰，改进产箱设计等方法都能够有效减少吊乳的发生。

④预防兽害，采用封闭式悬挂产箱能有效预防猫、鼠对仔兔

的伤害。

⑤预防疾病，初生仔兔由疾病引起的死亡比例很高，常见的有母兔乳房炎引起的仔兔黄尿症，产箱毛刺或垫草刺伤引起的脓毒败血症，以及环境潮湿污秽而引发的大肠杆菌病、蒸窝、鼻炎、兔虱等疾病。

⑥保持干燥、卫生，仔兔在开眼前，排粪排尿均在产仔箱内，时间长后产箱内空气污浊，垫料湿潮，并会滋生大量致病菌，仔兔易患各种疾病。所以，要保持产箱内干燥卫生，及时更换潮湿的垫料，并将垫料进行日晒消毒。

⑦保温，是保证仔兔成活率的关键，兔舍温度保持在15～25℃范围内。也可以通过在产仔箱内放置电热毯或在产仔箱上方悬挂白炽灯泡等方式实现局部适温。

（2）开眼期仔兔的饲养管理（12～20日龄） 12～20日龄仔兔进入开眼期，此时仔兔被毛已经长出，初步具备了体温调节能力，可以自由出入产仔箱，不存在吊乳现象。此时的工作重点如下。

①辅助开眼，到12日龄还没有睁眼的仔兔，用2%～3%硼酸溶液擦洗眼睑，并将眼屎闷软后轻轻擦掉即可。

②勤换垫草，开眼后的仔兔粪尿量增加，要及时补充更换清洁干燥的垫草，保持产箱卫生。

③及时淘汰发育落伍者，大窝仔兔中有少数发育迟缓、体质弱小的仔兔应及时淘汰，以免影响其他仔兔的生长发育。

（3）追乳期仔兔的饲养管理 20日龄后的仔兔已经能够自由活动，发育迅速，采食量增大，母乳已经不能满足其营养需要，总是追吃母乳，因而又叫追乳期。追乳期是仔兔从完全依靠母乳提供营养逐渐转变为以饲料为主要营养物来源的时期，此时仔兔消化道功能尚不健全，稍有疏忽就会导致仔兔发生消化道疾病而死亡。为了提高哺乳期仔兔成活率，此期饲养管理的重点应放在仔兔补料和断奶上。

①及时补料，追乳期仔兔生长速度快，母兔泌乳量已经不能满足其生长需要，需要及时补喂饲料。一般在17～18日龄开始补料，最晚不超过20日龄。采用母子同笼饲养共同采食或在大兔笼内设置一个带闸门的隔离网，除了哺乳其余时间分开饲养，单独饲喂。仔兔料要营养全面、适口性好、易消化。开始补料时要少喂勤添，每天投料6次，每只每天3～5g，以后逐渐增加投料量，到断奶时每天投料5次，每天每兔投料40～50g。

②适时断奶，仔兔断奶时间取决于生产目的和仔兔的发育状况。过早断奶，仔兔消化系统还未发育成熟，对饲料的消化能力差，影响仔兔生长发育，降低成活率；过晚断奶又会影响仔兔胃肠机能的锻炼及消化道中各种酶的形成，使仔兔生长缓慢；同时，也会影响母兔体力恢复和一年的繁殖胎次。目前肉用商品兔多在21～28日龄断奶，种兔在42日龄断奶。

③保持产仔箱内清洁干燥，仔兔开食后，采食的干物质量增加，排泄的粪尿量增多，所以要经常更换垫草，保持产箱内清洁、干燥和卫生。产箱内潮湿既不利于保温、又不利于仔兔健康。

**（四）幼兔的饲养管理**

幼兔是指断奶至3月龄的小兔。幼兔处于从哺乳到吃料的过渡阶段，消化系统尚未发育完全，消化道内也没有形成完善的微生物区系，因而对饲料的消化能力弱，很容易发生消化机能紊乱或腹泻。高效的饲养管理能够降低腹泻的发病率，从而促进幼兔的生长发育、提高成活率和兔场的经济效益。

①精心饲养，稳妥过渡。断奶1～2周内的幼兔往往处于断奶应激状态，饲料容积要小，营养丰富，容易消化，饲料更换要

逐渐过渡，以免突然改变饲料引起消化系统疾病。

②限制饲喂，控制采食。刚刚断奶的幼兔贪食，喂多少吃多少，为防止消化道疾病，在断奶初期一定要对幼兔实行控料，一般自由采食颗粒料时三周依次喂量是45g/（d·只），70g/（d·只），100g/（d·只）。

③小群饲养，断奶后幼兔不要立即单笼饲养，以窝为单位，小群饲养。每笼4~5只为宜（90cm×61cm×40cm），每只0.07~0.1$m^2$，太多会因拥挤而影响发育。

④预防注射，仔兔断乳时要根据兔场免疫程序进行预防注射，常见种类有兔瘟、巴氏杆菌病、波氏杆菌病、产气荚膜梭菌病、球虫病等。

⑤搞好幼兔舍环境卫生，保持兔舍内清洁、干燥、通风，并定期消毒。

⑥断奶时进行第一次鉴定、称重、打耳号并做好记录。3月龄时进行第二次筛选，体质健壮，生产性能优良的转入后备群，其余的转入育肥群。

**（五）育成兔的饲养管理**

育成兔也称后备兔，是指3月龄至初配阶段留作种用的青年兔。此阶段的肉兔身体健壮、食欲强、采食量大、抗病力强，逐渐达到性成熟。满足生长需要，适当控制体重，使之达到种用兔的标准是育成兔饲养的要点。

育成兔消化系统基本发育完善，对粗纤维的消化能力强，饲喂以青粗饲料为主，适当控制能量饲料，保证蛋白质、维生素和矿物质的供应，尤其是维生素A、维生素D、维生素E等有助于骨骼和生殖系统的发育。4月龄以后，脂肪的沉积能力增强，要适当限饲防止过于肥胖，一般大型品种的体重应控制在5kg左右，最多不超过6kg；中型兔体重控制在3.4~4kg，最多不超过

4. 5kg。只有这样，才能保持旺盛的繁殖机能和活泼健壮的体质。

生产中发现，很多母兔在泌乳期间采食量不大，严重影响泌乳力。研究表明，这与育成期胃肠道没有得到足够的锻炼有关。如果在育成期以大量的粗饲料或在颗粒饲料中加大粗纤维的比例（18%左右），增加该阶段母兔的采食量，可使其胃肠得到充分的发育，为未来繁殖期增加采食量创造条件。

育成兔的管理要遵循以下原则。

①公、母兔分开饲养，后备兔接近或已达到性成熟，为防止早交乱配，应分开饲养。公兔一兔一笼，母兔可小群饲养。

②及时预防接种，此时的肉兔体质健壮，很少发病，但对兔瘟十分敏感，应适时接种疫苗。

③加强运动，多晒太阳，促进骨骼的生长发育，提高体质。

④控制初配期。根据肉兔品种、用途、生长发育状况和季节把握初配期。一般大型品种、核心群的后备兔可适当晚配，可掌握在7~8月龄。对于中型品种和非核心群，可适当早配，以6月龄左右为宜。

## 第七节　肉兔肥育技术

### 一、育肥的基本原理和注意问题

育肥是指动物出栏前的“催肥”过程。但是对于家兔而言，属于瘦肉型草食动物，所谓肉兔的“育肥技术”，实际上是保证健康条件下的快速生长。

要使肉兔快速育肥，其获得的营养物质则必须高于维持和正常生长发育的需要。因此，在不影响肉兔正常消化吸收的前提下，在一定范围内喂的营养物质越多，所获得的日增重就越高。

因此，在育肥期间应该重点注意以下几个问题。

（1）品种选择　目前肉兔发展的方向是肉兔配套系，对于产业化一条龙企业的合同养殖户，应该以饲养肉兔配套系的商品兔为主，以利用配套系生长发育速度快和饲料利用效率高的优势，短期育肥，充分利用笼舍，快速周转，增加效益；而对于一般中小型兔场，没有与龙头企业开展紧密合作，可以考虑优良品种或经济杂交。配套系尽管好，但其需要有一定的规模和完整的体系；对于一些消费地方品种的地区，应该选择当地适销对路的地方品种，这样不愁销路，效益更高。而对于毛皮市场发育良好的地区（如河北省的沧州、衡水、保定、张家口等），以獭兔为主，采取皮肉分流（有人收皮，有人买肉），各得其所。

（2）环境控制　肥育期间要给肉兔创造安静舒适的环境条件，避免噪音，降低光照强度。一般照度控制在 8lx 左右，以降低神经系统的兴奋性。减少活动空间，尽量控制运动量，减少体内营养物质的消耗。根据兔场的具体情况，合理安排饲养密度。在通风降湿条件不具备的兔场，切勿高密度饲养。保持良好的通风条件是降低育肥肉兔疾病，保持健康的重要因素。

（3）饲料营养　育肥期间要根据肉兔体组织的增长特点合理设计饲料配方。主要是保证能量水平和蛋白质的含量，同时注意必需氨基酸的含量和比例。由于我国优质粗饲料的资源不足，影响肉兔饲料的总体能量水平。因此，有条件的兔场，在饲料中补充一定的脂肪会提升能量水平，提高育肥效果。当然，对于不同的育肥品种，饲养标准是不同的，应该有针对性地设计饲料配方或购买商品饲料。

（4）温度控制　环境温度对肉兔育肥效果影响很大。较低的环境温度，可以刺激肉兔采食，但是维持需要增加。当然，温度过高，会降低肉兔的采食量，尽管维持需要减少，但增重速度也会受到影响。保持适宜的环境温度是至关重要的。

（5）预防疾病　肉兔是弱小动物，对于疾病的抵抗力很弱。一旦发病，即便治愈了，它将永远不能达到同期健康肉兔的育肥效果。尤其是消化道疾病，一旦发病，胃肠道黏膜受到损伤，其恢复的速度很慢，也可能造成永久的消化吸收障碍。因此，在育肥期间要保证肉兔的健康。

（6）出栏时间　商品育肥肉兔的出栏时间根据品种、季节、市场需求和当时环境条件而定。对于体型较大的肉兔，出栏体重宜大，一般在2.5kg以上出栏；对于中型品种，一般在2.25kg左右；而对于一些地方品种，特别是中小型的品种，出栏体重一般在2kg以下，或根据当地消费习惯而定。比如：福建一些地区吃兔肉喜欢带皮，出栏体重在1.75kg为宜。当然，对于以生产分割兔肉的企业，希望肉兔的出栏体重更大一些。冬季和夏季不利于延长育肥期，同样，在传染病的高发期，也不适宜延长育肥时间。

## 二、育肥的准备

肉兔育肥一般分为两种类型：商品兔断奶后的直接育肥和淘汰兔的短期育肥。而生产中所说的肉兔育肥主要是指前者。在育肥期前，应该做好如下工作。

（1）免疫　育肥之前尽量把应该注射的疫苗全部注射。首要的疫苗是兔瘟，其他疫苗根据兔场的具体情况而定。例如，在消化道疾病较多的兔场，最好注射产气荚膜梭菌疫苗和大肠杆菌多价苗，在呼吸道疾病发生率较高的兔场，可以考虑注射巴氏杆菌-波氏杆菌二联苗。

（2）驱虫　在笼养条件下，肉兔的寄生虫病并不严重。但是，按照传统习惯和实际需求，多以伊维菌素预防和驱除螨虫和体内线虫。

(3) 兔舍和笼具消毒　育肥期间要使用单独的兔舍和专用的笼具。在育肥肉兔入驻育肥车间之前，要彻底清扫兔舍，消毒笼具，并进行封闭熏蒸消毒。使两批兔子育肥间隔在一周左右。

(4) 饲料过渡　在正式育肥之前，完成饲料的逐渐过渡，使育肥肉兔适应育肥饲料。过渡期一般 5～7d。当然，为了预防由于两种饲料差异过大所造成的消化道应激，可添加微生态制剂予以辅助。

(5) 工具和记录　把育肥车间的所有工具落实到位，育肥记录表格下发到每个饲养人员。

(6) 生产计划　做好育肥计划，包括人员调配、育肥兔数量、育肥具体日期、饲料消耗、预防药品和消毒药物、病死兔处理预案等。

## 三、育肥的一般原则

(1) “四同”育肥原则　所谓“四同”育肥，即为相同日龄、相同品种、同时入栏进入同一车间，同时结束育肥出栏。做到一次装满，一次清空。不搞分期分批育肥和出栏。当然，这对于规模化兔场是容易做到的，而对于中小规模兔场，由于兔舍数量的限制，可能难以实现，但要划分育肥区域，尽量做到“四同”育肥。

(2) 单独兔舍原则　兔舍要有明确分工，育肥车间全部饲养育肥兔，不能种兔、后备兔和育肥兔在同一车间饲养。因为不同生理阶段的兔子的生理要求不同，发病的种类不同，管理模式不同，笼具规格不同，对环境的要求不同。

(3) 直线育肥原则　传统的养兔育肥方法是“先吊架之后增膘”，也就是说，肉兔在育肥前期，饲喂大量的青粗饲料，使育肥兔子先长骨架，撑起胃肠。到育肥后期，再用大量的精饲料（以能量饲料为主）催肥。这种育肥方式对于以往地方品种也许适用，但是，对于现代品种是绝对不行的。现代肉兔品种，特别是肉兔配套系，具有早期生长发育速度快的特点。其育肥时间很短，一般是10～11周出栏。如果不能充分利用其早期生长发育速度快的遗传优势，而是在其生长发育最快的阶段限制营养提供，势必严重影响生长潜力的挖掘。而到后期，生长优势减退，再提高营养水平也不能发挥最大的生长优势。因此，现代肉兔育肥均为“直线育肥”。

（4）防重于治原则　正如上面所说，商品肉兔的生命周期很短，仅仅70多天。如果育肥期间发生疾病，对于发病的肉兔而言，没有任何商品价值。因此，在规模化养殖企业，特别是工厂化养殖模式下，不允许育肥期间发病，必须坚持预防为主的原则。个别发生疾病，不去治疗，淘汰即可。不仅节约了治疗费用，更重要的是降低传染疾病的风险。

（5）绿色育肥原则　所谓绿色育肥，是指以绿色食品生产为目的，采取育肥全程规范化管理，禁止使用违禁药物和添加剂，最终实现为消费者提供优质兔肉。作为养兔企业，必须具有社会责任感，自觉坚守这一原则。

（6）“一对一”育肥原则　是指一个饲养员或一组饲养员对应一栋育肥兔舍或车间，中间不可更换，这样可以做到人了解兔，兔了解人，不因为人员的更换造成兔子对饲养员的不熟悉而发生应激现象。在生产中，如果饲养员突然更换，即便按照同样的操作程序管理家兔，也会发生兔子的不适应而影响生产性能，甚至导致一些敏感兔子的疾病。

## 四、传统育肥技术

传统育肥技术是指农村家兔中小规模兔场，利用当地优质的青绿饲料资源，采取“半草半料”育肥法。也就是说，育肥期间大量饲喂青草，补充一定的精饲料。精饲料可以是自己配制的粉状饲料，目前更多的是购买颗粒饲料。

### （一）主要特点

传统育肥方法在过去比较普遍，伴随着规模化养兔的开展，这种方式越来越少，但是在青饲料常年供应的南方地区的小规模兔场还是比较盛行的。其主要特点如下。

（1）品种　以本地品种和引入品种与本地品种杂交，或引进品种之间的杂交为主。

（2）饲料　青饲料多为野生采集，也有的是种植的人工牧草，或用作物叶子或树叶等；精饲料散养农户以玉米麸皮为主，少量豆类蛋白饲料；中等规模兔场以购买的颗粒饲料为主。

（3）出栏时间　一般90～120日龄。体重2.25～2.5kg。

（4）饲喂模式　断奶后3周以精饲料为主，最后3周（出栏前3周）以精饲料为主，中间的一段时间以青饲料为主。尽管不同兔场的情况不尽相同，但多数兔场基本如此。

（5）养殖模式　小群散养或小群笼养，自由饮水或定时饮水，定时喂料。精料定量，青饲料基本自由采食。

（6）效益　由于采食了大量的青饲料，种兔膘情正常，发情率和受胎率均较高，年繁殖的小兔数量也较多。由于充分利用了当地的青饲料资源，节约了精饲料，因此，饲养成本较低，效益可观。但由于不同兔场情况不一，成活率相差悬殊。

### （二）应该注意的问题

（1）品种的选择　应根据当地品种资源、市场需求，结合相关专家的前期研究成果，选择适宜的品种和杂交组合。尤其是对于具有明显消费习惯的地区，应该根据当地的消费爱好选择育肥品种。不可千篇一律。在一地区适合的品种或杂交组合，在另一地区不一定适合。但总体而言，由于提供大量的青饲料，含有较高的粗纤维，原则上应该以饲养耐粗饲的品种和杂交组合为主。

（2）青饲料的选用　尽管家兔是草食动物，喜爱各种植物性饲草饲料，但是，不同的饲草有不同的营养特点和其他特性。选择青饲料的时候应该注意：第一，豆科牧草和禾本科牧草配合最佳，其营养可以起到互补的作用；第二，含水率较高的青饲料，最好经过一定的晾晒，这样可以降低腹泻的发生率；第三，采集青饲料，切忌在早晨有露水的时候，也尽量避免在雨后，否则，采集的饲草容易携带泥土，引起腹泻；第四，防止有毒草被采集。

（3）饲草和精料的比例　二者的比例没有统一规定，基本原则是：看资源、看品种、看阶段。

所谓看资源，就是根据当地青饲料资源状况决定。当青饲料资源比较丰富的时候，可以充分利用青饲料资源，适当增加青饲料的喂量。相反，青饲料不能满足需要的地区或季节，可以喂少量青饲料。

所谓看品种，即对于耐粗饲品种，可以加大粗饲料的比例，减少精饲料的用量。相反，对于不耐受粗饲的品种，应该尽量减少青饲料的用量。

所谓看阶段，是指根据育肥肉兔的育肥期不同阶段，决定不同的青饲料和精饲料比例。一般把育肥期分成3个阶段，也就是前期、中期和后期。前期就是刚刚断奶之后，要适当减少青饲料，增加精饲料的比例。同时注意蛋白质含量尽量高一些；育肥后期，应该相应的减少青饲料，增加精饲料的比例。在精饲料中，能量饲料尽量高一些，以提供增重效果。而在育肥中期，可以利用大量的青饲料，减少精饲料的用量。

（4）注意防病　传统育肥技术，即半草半料养兔法，主要疾病是球虫病和肠炎。球虫病的预防应该放在首位，由于小群饲养，相互传染的机会较多，加上一般抗球虫药物的添加比例是以全价饲料为标准。由于采取的是半草半料的育肥模式，精饲料的用量减少了。应该相应提高精饲料中抗球虫药物的比例。其比例增加的幅度，依据精饲料在整个日粮中所占的比例而定。肠炎的发生在一些兔场比较严重，主要是饲草不卫生和含水率较高。在一个饲养群中，一旦一只发病，很快传染全群。因此，要注意检查，发现个别发病，及时隔离和处理。

（5）饲养密度　饲养密度影响生长发育，影响兔群健康，必须重视这一问题。可以采取全期同一密度的饲养方式，也可以采取前密后疏的饲养方式。前者的好处是育肥开始形成的群体，整个育肥期保持不变，有利于兔群个体之间的相互关系，减少咬斗现象的发生；后者是根据前期体重较小，可以增加饲养密度，后期体重较大，减少饲养密度，这样灵活的密度方案，利于每个个体的正常发育，减少由于饲养密度过大而造成的相互干扰和影响。

到底饲养密度多大为好？目前我国尚无统一标准。养兔发达国家，在良好的饲养环境条件下，每平方米笼底板面积育肥兔数量可以达到24只，也就是说，每只占有面积0.041$m^2$。我国的环境控制条件一般较差，不应该强调高密度育肥，建议每平方米育肥14～18只，根据育肥阶段和环境控制能力（主要是通风和湿度）灵活掌握。

（6）出栏时间　传统育肥较现代工厂化育肥时间一般延长

1～1.5月。具体的育肥时间同样是根据品种、季节、市场需求而定。基本原则是：肉兔的生长发育速度是有阶段性的。早期快，后期慢，超过2.5月龄育肥速度明显降低，饲料利用效率也显著降低。另外，饲养周期越长，风险越大。因此，只要达到市场需求的标准体重就应该及时出栏。

## 五、工厂化育肥技术

肉兔的工厂化育肥技术与我国传统的育肥技术不同，是目前世界上最先进的育肥方式。其基本的前提条件是：同期发情、同期配种、同期分娩、同期断奶，因而才能实现同期育肥和同期出栏。

### （一）主要特点

（1）优良品种　目前国外肉兔养殖业发达的欧洲，育肥肉兔全部是配套系。因为配套系集中了多个优良品种的优点，利用了它们之间的杂种优势，具有生长发育速度快、饲料利用率高、产肉率高和抗病力强等特点。目前我国部分规模化养兔企业的育肥肉兔，也全部是配套系的商品代。尤其是伊拉肉兔配套系，表现出明显的优势。

（2）全价饲料　工厂化肉兔育肥的饲料为全价营养，根据不同育肥肉兔的营养需要特点而设计，全程饲料分为两个阶段，第一阶段从断奶到60d，使用的饲料添加一定的预防（球虫病、腹泻等）药物；60d到出栏（一般70～77日龄），饲喂不带任何药物的饲料。其他营养保持基本不变。

（3）自由采食　肉兔在育肥期间，基本上是自由采食的。除了开始几天经过少许的饲料过渡以外，一直到出栏，保证育肥兔子的饲料供应。根据青岛康大集团肉兔的育肥经验，35d开始育肥，经过3d的过渡，38～45d，日均喂料70g，45～52d达到

90g，52 ~ 59d 达到 110g，59 ~ 66d 达到 130g，66d 以后，小型肉兔日均 150g，中型肉兔日均 170g，大型肉兔日均 190g。如此大的喂料量，保证了肉兔的快速生长对营养的需求。

（4）环境控制　快速的生长，必须有健康的机体，而健康的机体离不开良好的环境控制。在环境控制方面，重点是：第一，有害气体指标，氨气 $<10mg/m^3$，二氧化碳 $<0.15\%$；第二，新鲜空气提供量每千克活重 $0.8 \sim 4.5m^3/h$，依据季节不同而定；第三，气流速度，夏季 $<1.4m/s$，冬季 $<0.1m/s$；第四，温度和湿度，最低温度 10℃，最高温度 25℃，相对湿度 60% ~ 70%；第五，光照，有条件的兔场采取弱光（8lx），每天 8h。没有条件的兔场，采取自然光照；第六，噪声，<60db；第七，水质，符合饮用水标准。

（5）全进全出　同期入栏，同期出栏，不搞分期分批，全部“一刀切”。之所以采取这种育肥模式，是因为工厂化养兔是具有高度计划性生产。该种模式一旦确定并启动，全年的计划将一环扣一环。任何一环出现问题，将影响整个计划的落实。而执行这一计划的基础在于育肥肉兔遗传基础的高度一致、出生时间的高度一致，饲料和营养的均匀一致，高标准的环境控制能力，保证这些育肥兔子健康状况良好。

（6）高效率生产　工厂化肉兔育肥，提供的设备自动化水平较高，包括喂料、饮水、消毒、温度等环境指标的控制和清粪等，人工操作较少，大大解放了生产力，提高了劳动效率。由传统的劳动密集型产业转变为技术密集型产业。

**（二）应该注意的问题**

工厂化养兔是一种高精细设计的生产模式，也就是说，各生产环节一环扣一环，非常精确。能否获得成功的表现形式就是能否同期出栏，而决定是否同期出栏的关键因素是遗传基础的一致性、出生日期的一致性、体重大小的一致性、健康状况的一致性。如果达不到以上四个一致性，就难以实现工厂化养兔模式的实施。

（1）遗传基础的一致性　只有遗传基础一致，才有表型的一致性，在相同的环境条件下才能获得性状的一致。因此，这是工厂化养兔对育肥肉兔的最基本的要求，也是关键的要素之一。

（2）出生日期的一致性　生长发育和体重与日龄有关，只有在遗传基础高度一致的群体，同为日龄相同的个体间，才能表现出非常相似的性状。尤其是肉兔配套系，其不同个体之间在相同环境条件下的表现性状是高度一致的。比如说，在营养条件、环境条件固定的条件下，多大日龄，一天采食多少饲料，体重达到多少，是相当稳定的。要实现同期出栏，必须同期入栏，其前提是同期出生。只有规模化养殖条件下的同期发情和人工授精技术的实施，才能达到这样的结果。

（3）体重大小的一致性　肉兔育肥，要求产品质量的高度一致。而前提条件是遗传基础和出生日龄一致，才能实现入栏体重一致，进一步实现出栏体重的一致。在一个大小相差悬殊的群体，很难实现同期出栏，更谈不上产品规格的一致性。如果以体重为出栏标准，若群体不一致，绝对不能实现同期出栏。不能实现同期出栏，就等于破坏了工厂化养兔的高精确计划性。

（4）健康状况的一致性　工厂化肉兔育肥，要求参加育肥的肉兔必须是健康的。所有的育肥肉兔，生理状态相对一致。没有健康的群体，工厂化育肥难以实现。

（5）计划的严密性　正如上面所讲，工厂化养兔是一个系统工程，内部设计的高度协调、高度严密。该模式一旦确定，正如流水作业的链条，一环扣一环，不能有任何偏差。例如，种兔与育肥兔的高度匹配，种兔舍与育肥舍的高度匹配。而这种高度匹配的设计，是经过长期实践经验的总结而制订。假如说 7000 只母兔的群体，采取 49d 周期繁殖模式（49d 生产一胎，一年生产 7.4 胎），同期发情的受胎率 85%，胎均产仔 9 只，成活率 94%，每一批（1000只母兔）断奶兔数量是 7191只。如果长期保持这样的水平，母兔舍一栋饲养种母兔 1000只，育肥舍一栋容纳 7200只。假设说母兔的受胎率或产仔数，或成活率达不到预先设计的水平，其成活的断奶小兔就达不到 7191 只，也就意味着，育肥兔舍装不满，造成兔舍的浪费。相反，如果母兔的生产性能超过设计水平，断奶的小兔超过 7200只，那么，多出来的断奶小兔没有兔舍可供育肥。当然，在计划安排时，每项指标都有余地，大约留出 3% ~5% 的机动量。

（6）防病不治病　工厂化养兔，每一批育肥兔子的数量是巨大的，一个饲养员承担的饲养量在数千只。必须保证每一批育肥兔健康无病，这就要求把预防疾病放在首要位置。把环境控制、兔舍消毒、药物预防（通过饮水和饲料）和疫苗注射等几项工作相互配合，保证兔群不发生重大疫情。一旦个别兔子发生疾病，没有必要去治疗，直接淘汰，以防止其传染给全群。事实上，得病的兔子如果舍不得淘汰，而是执意去治疗，假如说治愈了，保住了这只兔子的生命，但它已经失去作为商品肉兔的意义：生长严重受阻，不能与其他兔子同期、同体重、同质量出栏。

## 六、生态放养育肥技术

生态放养是在较大的自然环境中（如山场、荒坡、草场、林地等）投放一定的肉兔，让其在自然环境中自由生活，自由采食野生植物性饲料，自由结合繁衍后代。

**（一）主要特点**

从以上概念可以看出，生态放养和散养是两个概念。前者只提供适宜的放养环境，其他干预很少，基本上是生活在自由空间；后者是给肉兔提供一个较大的、带有隔离设施的场地，在人工提供的条件下相对自由生活。但其饲料和饮水由人工提供，场地只是一个活动空间。

从另一个角度看，生态放养实际上是野兔驯化的逆行，即家兔野养。

生态放养的优点：给肉兔提供一个自由生活的自然环境，自由采食自然饲料，没有污染，生产的产品全部达到有机食品标准。不需要多少人工、饲料和器具。自然净化作用，不需要消毒。在没有传染性疾病发生的情况下，兔子的生存环境好，体质健康。

生态放养的缺点：需要优越的放养场地；肉兔生产难以进行人工干预；由于一年四季气候变化和饲料供应的变化较大，肉兔的生长发育和繁殖有明显的季节性；天敌不容易掌控，疾病不容易预防；一旦发生传染性疾病，难以迅速扑灭。商品肉兔的捕捉有一定的难度。

**（二）应该注意的问题**

肉兔生态放养是一新生事物，没有成熟的经验和模式，正在探索。笔者认为，应注意以下问题。

①放养场地要有足够的空间、丰富的可食植物性资源、躲避环境、合格而易取的水源。

②由于季节的交替，在冬季和早春，气候寒冷，饲料资源匮乏期，为了提高生态放养的生产效率和经济效益，应该适当补充人工饲料。

③为了提供更优越的生存环境，将一个生态放养场地划分若

干个放养小区，每个小区 50 ~ 667m²。可增设围网，也可不设。在每个小区内，建造简易棚舍，其下面人工建造地下产仔窝。在饲料缺乏季节，定时在固定棚舍下面人工补充饲料，作为自然饲料的有效补充。

④放养密度适宜。要根据资源情况确定放养密度。基本原则是宁可资源有余，决不过牧。

⑤要投放健康的种兔。最初投放肉兔的月龄在 3 月龄以上。此时已经度过球虫病的易感期，投放前进行兔瘟疫苗加强免疫，预防疥癣病。此后在天然的生存环境下，可以抵抗一般常见疾病。

⑥育肥兔的捕捉不可使用狗和猎枪。最好是网捕或诱捕。对于捕捉的种兔和体重不足 2.25kg 的生长兔要无伤害地放回。

⑦加强看护，防止野狗闯入和飞禽的猎获，还要预防人为伤害和偷捕。

## 七、“福利”育肥技术

动物福利制度已在世界范围内迅速发展，作为一种动物保护理念已被普遍接受并有着相应的法律体系。所谓动物福利（Animal Welfare），就是让动物在无任何疾病、无行为异常、无心理紧张压抑和痛苦的状态下繁殖和生长发育。动物福利的基本原则是“五大自由”，即动物享有不受饥渴的自由，享有生活舒适的自由，享有不受痛苦、伤害和疾病的自由，享有生活无恐惧和悲伤感的自由，享有表达天性的自由。动物的需求分为 3 个方面：维持生命需要（生存权）、维持健康需要（健康权）、维持舒适需要（康乐权），保证动物康乐是动物福利的重点。

欧洲兔业生产已从单纯的提高生产效率转为满足家兔福利的

要求，其家兔生产需满足两类人群对兔产品的需求：一类是关注动物福利的高消费群体，他们愿意高价购买福利条件好的兔场提供的产品；另一类是中低收入人群，他们愿意购买价格便宜的集约化养殖的兔场提供的产品。欧洲兔业发达国家家兔养殖中兔舍环境条件较好，环境调控技术相对完善，目前主要侧重通过养殖工艺的改善满足家兔的康乐权。有些国家（如德国、荷兰等）已通过福利立法来约束家兔生产，要求满足家兔福利条件：如采用富集笼（有露台、磨牙物等），兔笼有较大的可用空间（包括笼底板面积、露台面积、产箱），以及舒适的兔舍小环境（采食和饮水条件、光照、有害气体最高限量等）。

世界上有 100 多个国家有关于动物福利方面的立法，不但在动物饲养、运输和屠宰过程中，要求执行动物福利标准，而且，对于进口的动物产品也要求符合动物福利法规方面的技术指标。我国兔业目前整体水平尚未达到福利养兔的基本要求，但在一些出口型企业已经开始按照福利养兔的要求开展工作，取得一些经验。改善兔舍环境条件，满足家兔的生存权、健康权，是我国兔业今后需解决的关键问题。

**（一）福利养兔的具体要求**

（1）品种　福利养兔对品种没有什么特殊要求，目前我国出口企业以配套系为主（如伊拉兔）。

（2）养殖方式和饲养密度　商品肉兔小密度圈养，7～8 只/$m^2$。种兔用富集笼笼养。

（3）养殖圈和笼具规格

①商品兔。兔圈的边长至少 1.8m。兔圈中建造两种圈面积约 40 % 的二级跃层，一种高度至少为 20cm，可以使得小兔子跳上；另一种高度至少为 25cm，可以使得大兔子跳上。兔子可以在跃层上休息或庇护。底层和跃层地面都需要铺设竹条，竹条间

距为1～1.5cm。给兔子提供足够的生活娱乐设施，如固定的磨牙棒，玩耍用的木制玩具，及玩耍用的隧道。保证每只兔子的有效活动范围为$1250cm^2$。公兔和母兔要分开喂养。

②种母兔。饲养种母兔的笼子平均高度为60cm，地面面积不少于$4200cm^2$。有跃层，跃层高度最少为20cm，跃层面积不少于$1800cm^2$。每个母兔笼带一个产仔箱，产仔箱的地面面积$1000cm^2$，有软地面。

（4）饲料与水源 保证饲料和水源的充足供应，饲料储存在干净的，干燥的，隔离开的储存室中。水源通过乳头式饮水系统供应。保证每周最少一次向兔圈投放绿色天然饲料（蔬菜，树叶等）。绿色饲料的种类按照季节自行调节。

（5）环境指标 整体环境要求养殖场所处的位置没有空气、水源或噪声等污染。整个场区有院墙，并且入口有锁。场区的进入要受到控制。场区内干净整洁，有一定的绿化面积。

兔舍环境要求：兔舍的构造能够保护兔子免受大风、雨雪、寒冷、炎热等恶劣天气的危害。全年理想温度是10～25℃。相对湿度是50%～60%，通风良好，氨的含量不超过$10mg/m^3$。兔舍有宽大明亮的窗户使自然光照入。白天日照最低20lm，兔子按自然的昼夜交替饲养，保证每天至少连续8h白天和8h黑夜。

（6）药物使用和疫苗注射 饲养中严格按照欧盟禁用药的要求，宰前要严格遵守停药期。

（7）出栏体重和日龄 福利养兔平均在75～77d出栏，出栏时体重为2.2～2.4kg/只。

**（二）福利养兔兔肉的检测指标**

出口的福利兔肉要进行微生物、农残、药残、重金属等的检测。微生物检测包括细菌总数、大肠菌群、沙门氏菌和单核细胞增生李斯特氏菌等，农残检测包括“六六六”，DDT 等，药残检测包括四环素、土霉素、金霉素、氯霉素、硝基呋喃类等，重金属检测包括铅、镉、汞、砷等。以上检测指标与出口的非福利养殖兔肉再没有差别。

## 第八节　兔病防治技术

### 一、兔病防控技术

兔病的预防不仅仅是投药、注射疫苗、隔离病兔、全场消毒，更为重要的是构建家兔自身坚强的免疫体系，使之具有抵抗病原微生物侵袭的主动免疫力和抗病力，也就是说，组建一个健康的兔群，其关键是加强饲养管理。主要包括以下内容。

（1）饲养健康兔群　无论是自己培育种兔，还是从外地引进的良种，基础群的健康状况至关重要。如果基础打不好，后患无穷！一般而言，应坚持自繁自养的原则，有计划有目的地从外地引种，进行血统的更新。引种前必须对提供种兔的兔场进行周密地调查，对引进种兔进行检疫。

（2）提供良好环境　根据家兔的生物学特性，提供良好的生活环境。比如，在兔场建筑设计和布局方面应科学合理，清洁道和污染道不可混用和交叉，周围没有污染源；严格控制气象指标，如温度、湿度、通风、有害气体等；避免噪声、其他动物的闯入和无关人员进入兔场。

（3）提供安全饲料　第一，有一个适宜的饲养标准；第二，根据当地饲料资源，设计全价饲料配方，并经过反复筛选，确定最佳方案；第三，严把饲料原料质量关，特别是防止饲料发霉，控制有毒性饲料用量（如棉饼类），避免使用有害饲料（如生豆粕），禁止饲喂有毒饲草（如龙葵）等；第四，防止饲料在加工、晾晒、保存、运输和饲喂过程中发生营养的破坏和质量的变化，如日光暴晒造成维生素的破坏、贮存时间过长、遭受风吹雨淋，被粪便或有毒有害物质（如动物粪便）污染等。

（4）把好入口关　主要是饲料和饮水的安全卫生。

（5）制定合理的饲养管理程序　根据家兔的生物学特性和本场实际，以兔为本，人主动适应兔，合理安排饲养和管理程序，并形成固定模式，使饲养管理工作规范化、程序化、制度化（表3－15）。

**表3－15　集约化兔场免疫程序**

| 日龄 | 疾病种类 | 疫苗（药物）种类 | 使用方法 | 剂量 | 备注 |
| --- | --- | --- | --- | --- | --- |
| 21 | 大肠杆菌病 | 大肠杆菌多价苗 | 皮下 | 1ml | 根据兔场情况酌情而定 |
| 30 | A型产气荚膜梭菌病 | A型产气荚膜梭菌疫苗 | 皮下注射 | 1ml | 根据兔场发病情况决定 |
| 35 | 呼吸道疾病 | 巴氏—波氏二联苗 | 皮下 | 2ml | 加强通风降湿和微生态制剂应用 |
| 40 | 兔瘟 | 兔瘟灭活苗 | 皮下 | 2ml | 根据母源抗体和断乳时间决定首免时间 |
| 55～60 | 兔瘟 | 兔瘟灭活苗 | 皮下 | 1ml | 加强免疫 |
| 成年 | 兔瘟 | 兔瘟灭活苗 | 皮下 | 2ml | 每年注射2～3次 |

（6）主动淘汰危险兔　原则上讲，兔场不治病，有了患病兔（主要是指病原菌引起的传染病）立即淘汰。但是，目前我国多数兔场还做不到这一点。理论和实践都表明，淘汰一只危险兔（患有传染病的兔）远比治疗这只兔子的意义大得多。

（7）注意消毒　兔场消毒分为场所消毒（进场、舍门口、场区环境、兔舍）、用具设备消毒、工作人员自身消毒和特殊时期的消毒。

门口车辆消毒：进入场区的车辆必须经过消毒后方可进入场内。兔场大门口过去多设置车辆消毒池，池的长度等于汽车轮胎周长的2.5倍，池深度大于15cm或是汽车轮胎厚度的一半。池内投放消毒液，如稀碱液、来苏尔等。但由于这种消毒池长期暴露，消毒液挥发、尘土混入或受到雨浸的影响，常常达不到消毒效果，经济上也不划算。因而，大型养殖场多用车辆消毒通道，或高压消毒枪。

入口人员物品消毒：养殖场区要设置人员入口消毒通道，经过更衣（必须配有帽子和胶鞋）、洗手消毒和脚踏消毒后方可进入。一些兔场设置紫外灯消毒，其消毒效果与距离和时间有关，远距离和短时间不起作用，长时间近距离对人皮肤有副作用。因此，建议物品消毒使用紫外灯。

兔场场区：平时注意卫生，保持清洁，防止污物、污水污染，定期清扫。设置绿化带，根据疫病发生情况，进行场区消毒。无特殊情况，一年4次即可。

兔舍及其笼具消毒：兔舍每天打扫一次，一般情况下兔舍和笼具1~2周消毒一次。疫病发生期间，每天消毒一次。产仔箱和运输笼用完后立即冲洗干净并消毒，使用前在阳光下暴晒2d后使用。

特殊时期消毒：疫病发生期间，需要带兔消毒。常用药物有0.1%过氧乙酸、0.5%强力消毒灵、0.015%的百毒杀溶液等喷雾消毒；春秋换毛季节，使用火焰喷灯各消毒1~2次，以焚烧黏附在笼具上的残毛。空闲兔舍需要熏蒸消毒，一般使用福尔马林和高锰酸钾，每立方米分别使用25ml和12.5g，密封时间不低于48h，然后通风放气（表3-16）。

表 3-16 常用消毒药物及使用方法

| 药物名称 | 使用浓度 | 消毒对象 |
|---|---|---|
| 烧碱 | 1%～5%喷雾 | 空舍、消毒池 |
| 生石灰 | 10%～20%刷拭 | 兔舍和环境 |
| 石炭酸 | 0.05%～1.0% | 兔舍、非金属设备、消毒池 |
| 次氯酸钠 | 0.3%水溶液 | 带兔喷雾消毒 |
| | 1.5%水溶液 | 地面、墙壁、用具消毒 |
| 漂白粉 | 6～10g/kg 水 | 混匀 30min 后，饮水 |
| 二氯异氰尿酸钠 | 1∶400 水溶液 | 地面、笼具消毒 |
| | 1∶3000 水溶液 | 饮水 |
| 过氧乙酸 | 0.05%～0.5%水溶液 | 场地、兔舍消毒 |
| 福尔马林 | 15～40ml/$m^3$ 熏蒸 | 空舍消毒，与高锰酸钾配合 |
| 消毒威 | 1%喷雾 | 带兔消毒、环境消毒 |
| 来苏儿 | 3%～5%水乳液 | 地面、墙壁喷洒消毒 |
| | 5%～10%水乳液 | 兔排泄物消毒 |
| 季铵盐 | 0.4%～0.8% | 设备、房舍、手术器械、车辆消毒、人员喷雾或洗手、带兔消毒 |
| 戊二醛 | 0.01%水溶液 | 建筑物 |
| | 0.15%～2%水溶液 | 消毒器械等 |
| | 10%～20%水溶液 | 地面、墙壁、用具消毒 |
| 百毒杀 | 1∶（100～300）喷雾 | 带兔消毒、环境消毒 |
| 菌毒灭 | 1∶300 喷洒 | 兔舍、消毒池和带兔 |
| 灭毒净 | 1∶500 喷雾 | 带兔消毒、环境消毒 |

## 二、常见兔病的诊疗技术

### （一）一般临床检查

1. 精神状态

健康兔精神状态良好，对外界刺激作出相应的反应，如两耳转动灵活，眼睛明亮，嗅觉灵敏，行动自如，受到惊恐，随即后足拍打底板，不安或在笼内窜动。当患病时，有两种情况，一是沉郁，如嗜睡，对外界反应冷漠，动作迟缓，独立一角，头低耳耷，目光呆滞，暗淡无光，严重时对刺激失去反应，甚至昏迷；二是兴奋，如惊恐不安，狂奔乱跳，转圈，颤抖，啃咬物体等(如急性型兔瘟)，或尖叫，角弓反张（如急性肠球虫病）等异常表现。

2. 姿势

健康兔起卧、行动均保持固有的自然姿势，动作灵活协调。病理状态下表现异常的姿态姿势。如患呼吸道疾病时呼吸困难，仰头喘气；发生胀气时，腹围增大，压迫胸腔，造成呼吸困难，眼球发紫，流口液等；患有耳癣病时，耳朵疼痛，用爪挠抓或摇头甩耳；患有脚癣或脚皮炎时，两后肢不敢着地，呈异常站立、伏卧，重心前移或左右交换负重等；当发霉饲料中毒、马杜霉素中毒时，四肢瘫软，头触地；当脊柱受伤或肝球虫病后期时，后肢瘫痪，前肢拉着后肢前行等。

3. 营养与被毛

主要根据肌肉丰满程度、体格大小、被毛光泽和皮肤弹性等作出综合判断。患有急性病而死亡者，体况多无大的变化，而患慢性消耗性疾病（如寄生虫病、结核或伪结核等）或消化系统疾病，多骨瘦如柴，体格较小，被毛容易脱落；健康兔被毛光滑，而营养缺乏，被毛无光，患有皮肤病（尤其是皮肤霉菌病）时，被毛有块状脱落现象；当患有肠炎腹泻时，由于脱水而使皮肤失去弹性。皮肤检查应注意温度、湿度、弹性、肿胀、外伤、被毛的完整性、结痂、鳞屑和易脱落情况等。

4. 体温测定

体温测定采取肛门测温法。将兔保定，把温度计（肛表）插入肛门 3. 5 ~5cm，保持 3 ~5min。家兔正常的体温为 38. 5 ~

39.5℃。当患有兔瘟、巴氏杆菌病等传染病时，体温多升高，患有大肠杆菌病、产气荚膜梭菌病等，体温多无明显变化，患有慢性消耗性疾病时，体温多低于正常值。测定温度时应该注意时间（中午最高，晚上最低）季节（夏季高，冬季低）和兔子的年龄（青年和壮年兔高，老兔低）。

5. 脉搏测定

可在左前肢腋下、大腿内侧近端的股动脉上检查，或直接触摸心脏，或用听诊器，计数1min内心脏跳动的次数。测定脉搏次数应在兔子安静下来后进行。健康兔的脉搏为120～150次/min。当患有热性病、传染病、疼痛或受到应激时，脉搏数增加。脉搏次数减少见于颅内压升高的脑病、严重的肝病及某些中毒症。

6. 呼吸测定

观察胸壁或肋弓的起伏次数。一般健康兔的呼吸次数为每分钟50～60次，幼兔稍快，妊娠、高温和应激状态均使呼吸增数。病理性呼吸次数增加见于呼吸道炎症、胸膜炎及各型肺炎、发热、疼痛、贫血、某些中毒性疾病和胃肠臌气；呼吸次数减少见于体质衰落、某些脑病、药物中毒等。呼吸次数与体温、脉搏有密切联系，一般而言，体温升高多伴随呼吸的加快和脉搏的增数。

7. 粪便检查

粪便是消化系统健康与否的风向标，通过粪便的变化，便知家兔是否患有消化系统疾病。

正常家兔的粪便呈圆球形，大小均匀一致，表面光滑，颜色一致。粪球的大小与饲料中粗纤维含量、兔子的采食量和兔子的年龄有关。粗纤维含量越高，粪球的直径越大；粪便的颜色与饲料种类和精饲料的比例有关。当精饲料含量高时，粪球的颜色深，粗饲料含量高时，粪球的颜色浅，饲喂青饲料时，粪球的颜色呈灰绿色，硬度小。当患有疾病时，粪便出现异常。如粪球干、小、硬、少、黑，为便秘的症状；粪球连在一起，软而稀，呈条状，为腹泻或肠炎的初期；粪便不成形，稀便，呈堆，为腹泻；稀便，有酸臭味，带有气泡，为消化不良型腹泻；粪便稀薄，有胶冻样物，或粪中带血，为肠炎；如粪球表面有黏液附着，多为黏液性肠炎的表现；如果兔子食欲降低，排便困难，腹内有气，粪球少而相互以兔毛连接成串，多为毛球病。

8. 泌尿生殖系统检查

主要检查排尿的姿势、尿液的次数、数量和颜色；生殖器官和乳房等。

（1）排尿姿势　排尿姿势异常常见有尿失禁和排尿疼痛。前者是不能采取正常的排尿姿势，不由自主地经常或周期性地排出少量尿液，是排尿中枢损伤的指征。排尿疼痛是兔子排尿时表现不安、呻吟、鸣叫等，见于尿路感染、尿道结石等。

（2）尿液　排尿次数和尿量增多多见于大量饮水、慢性肾盂肾炎或渗出性疾病（如渗出性胸膜炎）的吸收期。排尿次数减少，尿量减少，见于饮水不足、急性肾盂肾炎和剧烈腹泻等。正常尿液的颜色是无色透明或稍有浑浊，当患有肝胆疾病时，尿液多呈黄色，同时可视黏膜黄染。当饲料搭配不当，钙磷含量过高，或风寒感冒、豆饼中的抗胰蛋白因子灭活不良时，尿液浓稠，乳白色，尿液蒸发后留下白色沉淀物。尿道、膀胱或肾脏炎症时，尿液呈红色。

（3）生殖器官　正常情况下母兔的外阴、公兔的睾丸、阴囊、包皮和龟头等清洁干净。当有炎症时，多红肿，有分泌物。患有梅毒时，红肿严重，结痂，呈菜花状。患有睾丸炎时，睾丸肿胀，严重时睾丸积脓。

（4）乳房　非泌乳期母兔的乳腺不充盈，泌乳期乳腺发育。当患有乳房炎时，乳房有红、肿、热、疼的表现。严重时，整个乳房化脓，并伴有全身性症状，如高热、食欲减退，精神不振，卧立不安等。

**（二）兔病的治疗技术**

1. 内服药物

内服药物可通过拌料、混水、胃管投服和口腔直服等途径。

（1）拌料　将药物均匀地拌入饲料中，让兔自由采食，达到用药的目的。适用于大群体预防疾病和当发生了疾病而尚有食欲的兔群。粉状药物或可做成粉状的药物，容易搅拌均匀，药物无异味，不影响兔子的食欲。在拌料喂药时，计量要准确，搅拌要均匀，饲槽要充足，使每只兔都能采食到应采食的药量，防止多寡不一而造成的剂量不足或药量过大产生的副作用。为使兔子在短时间内采食到应采食的药物，可将药物添加在一次喂料量的1/2中，在兔子饥饿的情况下饲喂，待兔子采食干净后再加入另外一半的饲料。

（2）混水　对于水溶性的药物，可通过饮水的方式内服。该方法适于大群预防和治疗，特别是那些食欲不振，但饮欲良好的患兔。其方法简便，容易操作。关键是药量计算准确，药物完全溶解。

（3）胃管投服　对有异味、毒性较大的药物或病兔拒食的情况下，可采取胃管投服。具体方法是将一中间宽，两边窄，中心有孔的开口器（竹片、木片或塑料板为材料，自制）插入患兔口腔，将人用导尿管从开口器的中心孔中窜入，通过口腔、咽、食道，进入胃部，然后用注射器吸取药液，通过导管注入胃内，然后抽出导管。该方法操作一定要稳，谨防导管误入气管。当导管插入后，可抽拉注射器，如果抽拉很顺利，可能插入气管，如果抽拉费劲，说明插入胃内。也可将导管的末端插入水中，如果有气泡产生，说明插入气管，否则，即插入胃内。

(4) 口腔直投　将片状药物通过口腔直接投服。具体方法是，左手抓住患兔的耳朵和颈部皮肤，右手拇指和食指捏住药片，从兔的右侧口角处（此处为犬齿缺失）将药片送入，食指顶住药片直送至舌根后部，刺激兔子产生吞咽反射，将药物吞入。此方法要注意药片不应过大，投药位置要适当。药物最终投放在舌根后部，如果在舌根前部，则产生呕吐反射，将药物吐出。对于小兔慎用此法。因为小兔的咽喉小，药片大时易将咽喉卡住而造成窒息死亡。

2. 药物注射

注射可通过肌肉、皮下、静脉和腹腔等途径。

(1) 肌内注射　选择肌肉丰满的部位，通常在臀部肌肉和大腿部肌肉。注射部位酒精消毒后，用左手固定注射部位的皮肤，右手持注射器，将针头迅速刺入至该部肌肉的中部，稍微回抽注射器活塞，如没有血液流出即可缓慢注入药物。如果有血液回流，说明针头刺入血管，应适当调整针尖部位。肌内注射适于一般的注射用药物，如抗生素类（青霉素、链霉素、庆大霉素等）、化学药物（如磺胺嘧啶钠、痢菌净等）及部分疫苗。

(2) 皮下注射　选择组织疏松部位皮下注射，多在颈部和肩部。注射前局部先消毒（或剪毛后消毒），以左手拇指和食指将该部位的皮肤提起，右手持注射器，将针头刺入皮下，然后左手松开，将药液注入。此方法多用于疫苗的注射，有时也可用于补液。

(3) 静脉注射　通常选择两耳的边缘静脉。先清洁消毒，将兔保定好，左手食指和中指压迫耳基部血管，使静脉回流受阻，血管怒张，左手食指和中指捏住耳朵边缘的中部。右手持注射器，上接20～23号针头（根据兔子的大小而定，大兔子用较粗的针头，兔子较小用较细的针头），以针头斜面向上，与血管约成30°角刺入血管，然后与血管平行将针头送入血管1～2cm深。此时针管内可见回血，说明针头在血管里。将压迫血管基部的食指和中指松开，以左手拇指、食指和中指固定针头，右手缓慢推动注射器活塞，将药液注入血管。进针之前，应将注射器内的气体排净，防止将气体注入血管而形成栓塞死亡。如果发现耳壳皮下有小包隆起，或感觉推动注射器有阻力，说明针头已经离开血管，应拔出针头，重新注射。第一次注射应先从耳尖部分开始，以后再注射时逐渐向耳根部分移动，就不会发生因初次注射造成血管损伤或阻塞而影响以后的注射。注射完毕后拔出针头，以酒精棉球压迫局部，防止血液流出。静脉注射主要用于补液和某些药物或激素的注射。其见效快，药量准确。

（4）腹腔注射　将家兔仰卧，后躯抬高，在腹中线左侧（离腹中线3mm左右）脐部后方向着脊柱刺入针头，一般用2.5cm长的针头。在家兔的胃和膀胱空虚时进行腹腔注射比较适宜，防止刺伤脏器。腹腔内有大量的血管和淋巴管，吸收快，因此药效发挥也较快，其吸收速度仅次于静脉注射，而且比静脉注射容易操作。适于较大剂量的补液。如果在寒冷季节大剂量腹腔补液，事前应将液体加温至体温。

## 三、主要传染病的防控技术

### （一）病毒性疾病

1. 兔瘟

兔瘟是由兔病毒性出血症病毒引起的一种家兔烈性传染性疾病，以3月龄以上的青年兔和成年兔为主，一年四季发病，各品种类型的家兔均易感，是目前对家兔威胁最为严重的疾病。兔瘟的典型临床类型有3种，分别是：最急性型、急性型和慢性型。

①最急性型　病兔未出现任何症状而突然死亡或仅在死前数分钟内突然尖叫、挣扎和抽搐，有些患兔从鼻孔流出泡沫状血液。该类型多见于流行初期。

②急性型　病兔精神委顿，食欲减退或废绝，饮欲增加，呼吸急迫，心跳加快，体温升高（41～42℃），可视黏膜和鼻端发绀，有的出现腹泻或便秘，粪便粘有胶冻样物，个别排血尿，迅速消瘦。后期出现短时兴奋，如打滚、尖叫、狂奔乱撞，颤抖、倒地抽搐，四肢呈划水姿势，病程1～2d。

③慢性型　多发生于流行后期和1.5～2月龄的幼兔，出现轻度的体温升高，精神不振，食欲减退，消瘦及轻度神经症状。有些患兔可耐过而逐渐康复。

（1）病理变化　胸腺水肿出血；气管和喉头有点状和弥漫性出血，肺水肿，有出血点、出血斑、充血；肝肿大、质脆，呈土黄色，有的淤血呈紫红色，土黄色坏死区与正常区域条块状交错成为本病的典型特征；脾肿大、充血、出血、质脆；肾肿大呈紫红色，常与淡色变性区相杂而呈花斑状，有的见有针尖大的出血点；多数淋巴结肿大，有的可见出血；心外膜有出血点；直肠黏膜充血，肛门松弛，有胶冻样黏液附着。有3%～5%的急性病例鼻腔流出泡沫状鲜血，往往发生在发病的初期。如果仍然不能确定，可通过人的“O”型红血球凝集实验判断。

（2）诊断要点　生产中对于兔瘟的诊断，主要通过临床表现和病理解剖。一是发病的主体是青壮年兔，具有较典型的临床症状（几种类型之一或兼而有之）；二是任何药物治疗都毫无效果；三是以出血和水肿为特征的全身脏器的病理变化：肝脏变性，胸腺肿大，有出血斑或出血点。

（3）防治措施　兔瘟没有任何治疗药物，事实上即便有药物治疗其意义也不大，做好预防工作至关重要。注射兔瘟疫苗可有效预防兔瘟。根据生产经验和科学实验，兔瘟的免疫时间不可过早（幼兔对疫苗不敏感），也不可过晚（有发生早期感染的危险）。以 40～45 日龄首免为宜，每只颈部皮下注射 2ml。首次免疫之后 20d，再加强免疫一次，每只 1ml。此后每年免疫 2～3 次。近年来，兔病毒性出血症的发病出现幼龄化，各兔场应该根据本场实际制定免疫程序。

兔场一旦发生兔瘟，应尽早封锁兔场，隔离病兔。兔场饲养人员不要随意出入兔场，场外人员也不应进入兔场。尤其是禁止小商小贩进入兔场进行兔皮和兔肉的交易；死兔深埋或焚烧，兔舍、用具和环境彻底消毒；及时上报当地畜牧兽医主管部门，以便采取必要的行政手段控制病情蔓延。除此之外。采取以下 3 条措施。

①注射高免血清。为治疗兔瘟的特效药物，针对性强，见效快，效果好，但成本高，货源缺。

②注射干扰素，每只肌内注射 1ml，次日再注射 1ml，以干扰兔瘟病毒的复制，在发病初期有效。但疫病过后仍然需要注射疫苗。

③兔瘟疫苗紧急预防注射，每只幼兔皮下注射 3ml，成年家兔注射 4ml，3d 后逐渐控制病情，7d 后产生坚强免疫力。

2. 传染性口腔炎

传染性水疱性口炎又叫传染性口炎、水疱性口炎或流涎病，是由兔传染性水疱性口炎病毒感染引起的兔的急性口腔黏膜发炎，形成水疱及溃疡。发病率与死亡率较高，主要危害 1～3 月龄幼仔兔，多发于冬春季节。消化道为主要感染途径，病兔口腔分泌物、坏死黏膜组织及水疱液内含有大量的病毒，健康兔吃了被污染的饲草、饲料及饮水后而感染。饲料粗糙多刺、霉烂、外伤等易诱发本病。

(1) 临床症状　本病潜伏期5~6d，开始口腔黏膜呈现潮红肿胀，随后在嘴角、唇、舌、口腔其他部位的黏膜上出现粟粒大至大豆大的水疱，水泡内充满液体，破溃后常继发细菌感染，引起唇、舌及口腔黏膜坏死、溃疡，口腔恶臭，流出大量唾液，嘴、脸、颈、胸及前爪被唾液沾湿，时间较长的被毛脱落，皮肤发炎，采食困难，消瘦，严重的衰竭死亡。

(2) 病理变化　尸体消瘦，舌、唇及口腔黏膜发红、肿胀、有小水疱和小脓疱、糜烂、溃疡，口腔有大量液体，食道、胃、肠道黏膜有卡他性炎症。

(3) 诊断　根据流行特点、临床症状、特异的口腔病变即可诊断，必要时要通过实验室检验确诊。

(4) 防治　给予家兔柔软易消化的饲料，防止口腔发生外伤。兔笼、兔舍及用具要定期消毒。发现病兔应立即隔离，全场进行严格消毒，病兔口腔病变用2%硼酸溶液或0.1%高锰酸钾溶液或1%食盐水等冲洗，然后往口腔撒“矾糖粉”(明矾7份，白糖3份，混合)，每天3~4次，撒药半小时内禁止饮水；或涂碘甘油或磺胺软膏或冰硼散或磺胺粉等，每天3次。为防止继发感染，饲料或饮水中加入抗生素或磺胺类药物。

3. 兔轮状病毒性腹泻

本病由轮状病毒引起，以仔兔突发性腹泻为主要特征。单纯性感染一般死亡率达40%~60%，继发感染时可达60%~80%，主要发生在2~6周龄的仔兔，尤以4~6周龄最易感，症状也较严重，死亡率最高。以晚秋至早春寒冷季节发病率高，多突然发生，迅速蔓延。本病毒主要存在于病兔粪便和后段肠内容物中，青年兔和成年兔常呈隐性感染，带毒排毒而不表现症状。污染的饲料、饮水、乳头和器具等是本病的主要传播媒介。

临床症状：潜伏期1～4d。青年兔和成年兔感染后一般很少出现临床症状，少数病例表现短暂的食欲减少和不定型的软便。2～6周龄仔兔感染后多突然发病，表现呕吐、低烧、昏睡、很少吮乳或废食，排出蛋花样白色、棕色、灰色或浅绿色酸性恶臭水便，会阴部及后肢被毛沾污糊状稀便和污物。继发细菌感染时体温明显升高，症状也较严重。一般在发生腹泻后2～3d内因高度脱水、体液酸碱平衡失调、最后导致心力衰竭而死亡。

（1）病理变化　单纯性病例肠道（尤其是后段小肠和结肠）出现明显的充血和淤血，肠管扩张，内有大量水样内容物，其他组织一般不出现明显的肉眼可见病变。

（2）诊断要点　根据发病季节，2～6周龄仔兔多发，体温不高，结合肠道变化作出初步诊断，通过动物接种和血清学试验进一步确诊。

（3）防治措施　目前对本病尚无有效的治疗方法和疫苗，加强饲养管理，搞好环境卫生，经常对兔舍、笼具等进行消毒，防止粪便污染饲料和饮水，可有效地防止本病发生。发现病兔要及时隔离，并进行严格消毒。对病兔加强管理，要注意保温，可采取补液等维持治疗，使用抗生素或磺胺类药物，以防止继发感染。

**（二）细菌性传染病**

1. 巴氏杆菌病

兔巴氏杆菌病是由多杀性巴氏杆菌引起的急性传染性疾病，是危害养兔业的重要疾病之一。根据感染程度、发病急缓及临床症状分为不同的类型，其中以出血性败血症、传染性鼻炎、肺炎等类型最常见。

多杀性巴氏杆菌存在于病兔的各组织、体液、分泌物和排泄物中，在健康家兔的上呼吸道中也常有本菌存在，为本病的主要传染源。一年四季发生，以春秋季节发病较多，2～6 月龄兔发病率最高。健康家兔一般情况不发病，但由于饲养管理不当、卫生差、通风不良、饲草饲料品质不好或被病菌污染、长途运输、密度过大、气候突变以及各种因素引起的抵抗力下降等均可引发本病流行，也可继发于其他疾病。本病多呈散发或地方性流行，发病率 20%～70%，急性病例死亡率高达 40% 以上。

临床症状：本病潜伏期少则数小时，多则数日或更长，由于感染程度、发病急缓以及主要发病部位不同而表现不同的症状。

①出血性败血症。即最急性和急性型。常无明显症状而突然死亡，时间稍长可表现精神委顿，食欲减退或停食，体温升高，鼻腔流出浆液性、黏液性或脓性鼻液，腹泻。病程数小时至 3d。并发肺炎型体温升高，食欲减退，呼吸困难，咳嗽，鼻腔有分泌物，病程可达 2 周或更长，最终衰竭死亡。

②鼻炎型（传染性鼻炎）。鼻腔流出黏液性或脓性分泌物，呼吸困难，咳嗽，发出“呼呼”的吹风音，不时打喷嚏，可视黏膜发绀，食欲减退。病程较长，一般数周或几个月，成为主要传染源。如治疗不及时多转为肺炎或衰竭死亡。

③肺炎型。多由急性型或鼻炎型转变而来，或长时间轻度感染发展而至。病兔鼻腔流出浆液性分泌物，后转变为黏液性或脓性，黏结于鼻孔周围或堵塞鼻孔，呼吸轻度困难，常打喷嚏，咳嗽，用前爪搔鼻，食欲不佳，进行性消瘦。最后呼吸极度困难，头上扬仰脖呼吸。如果发展到这个程度，说明肺部已经严重受损，任何药物也难以治疗。

④中耳炎型。又称斜颈病（歪头症），是病菌扩散到内耳和脑部的结果。其颈部歪斜的程度不一样，发病的年龄也不一致。有的刚断奶的小兔就出现头颈歪斜，但多数为成年兔。严重的患兔，向着头倾斜的一方翻滚，一直到被物体阻挡为止。由于两眼

不能正视，患兔饮食极度困难，因而逐渐消瘦。病程长短不一，最终因衰竭而死。

⑤结膜炎型。临床表现为流泪，结膜充血、红肿，眼内有分泌物，常将眼睑粘住。

⑥脓肿、子宫炎及睾丸炎型。脓肿可以发生在身体各处。皮下脓肿开始时，皮肤红肿、硬结，后来变为波动的脓肿。子宫发炎时，母体阴道有脓性分泌物。公兔睾丸炎可表现一侧或两侧睾丸肿大，有时触摸感到发热。

（1）病理变化　因发病类型不同而不同，常以 2 种以上混发。鼻炎型主要病变在鼻腔，黏膜红肿，有浆液、黏液或脓性分泌物。急性败血型死亡迅速者常变化不明显，有时仅有黏膜及内脏的出血，如肺部出血，肝脏有坏死点等；并发肺炎时，除鼻炎病变外，喉头、气管及肺脏充血和出血，消化道及其他器官也出血，胸腔和腹腔有积液。如并发肺炎，可引起肺炎和胸膜炎，心包、胸腔积液，有纤维素性渗出及粘连，肺脏出血、脓肿。肺炎型主要出现肺部与胸部病变。

（2）诊断要点　根据散发或地方性流行特点、临床症状及病理变化作出初步诊断，必要时进行细菌学检查确诊。

生产中常用煌绿滴鼻检查法判断是否为巴氏杆菌携带者。用 0.25% ~0.5% 煌绿水溶液滴鼻，每个鼻孔 2 ~3 滴，18 ~24h 后检查，如鼻孔见到化脓性分泌物者为阳性，证明该兔为巴氏杆菌病患兔或巴氏杆菌携带者。

（3）防治措施　本病以预防为主，兔场应自繁自养，必须引种时要做好隔离观察与消毒，加强日常管理与卫生消毒，定期进行巴氏杆菌灭活苗接种，每兔皮下注射或肌内注射 1 ~2ml，注射后 7d 左右开始产生免疫力，一般免疫期 4 个月左右，成年兔每年可接种 3 次。由于鼻炎型和肺炎型病例多由巴氏杆菌和波氏杆菌等混合感染，因此，建议使用巴氏杆菌-波氏杆菌二联苗，效果更好。

保持卫生、通风和干燥是预防本病的最重要措施。发病兔场应严格消毒，死兔焚烧或深埋，隔离病兔。

药物治疗：青霉素5万~10万单位、链霉素10万~20万单位，一次肌内注射，每日2次；庆大霉素4万~8万单位，肌内注射，每日2次；磺胺嘧啶钠每千克体重0.1~0.2g肌内注射，每天2次，连用3~5d。亦可用土霉素、庆大霉素、氟苯尼考、磺胺类药物、氧氟沙星和恩诺沙星等药物。

2. 波氏杆菌病

本病又叫兔支气管败血波氏杆菌病，是由支气管败血波氏杆菌感染引起的呼吸道传染病，并常与巴氏杆菌病、李氏杆菌病并发。多发于气候多变的春秋季节，保温措施不当、气候骤变、感冒、兔舍通风不良、强烈刺激性气体的刺激等诸多应激因素，使上呼吸道黏膜脆弱，易引起发病。病兔及带菌兔是本病的主要传染源。鼻炎型多呈地方性流行，支气管肺炎型多为散发。

临床症状：成年兔一般为慢性经过，仔兔和青年兔多为急性经过。一般病兔表现为鼻炎型和支气管肺炎型和内脏脓肿型3类。

①鼻炎型：病兔精神不佳，闭眼，前爪抓搔鼻部；鼻腔黏膜充血，流出多量浆液性或黏液性分泌物，很少出现脓性分泌物，鼻孔周围及前肢湿润，被毛污秽。病程较长者转为慢性。

②支气管肺炎型：多由鼻炎型长期不愈转变而来，呈慢性经过，表现消瘦，鼻腔黏膜红肿、充血，有多量的黏液流出，并可发展为脓性分泌物，鼻孔形成堵塞性痂皮，不时打喷嚏，呼吸加快，不同程度的呼吸困难，发出鼾声，食欲不振，进行性消瘦，病程可长达数月。

③内脏脓肿型：多发生在肺部，有大小不等的化脓灶，外包一层结缔组织，内含有乳白色脓汁，黏稠如奶油；有的病例在肋膜上可见到脓疱，有的在肝脏表面有黄豆至蚕豆大甚至更大的脓疱，有的病例在肾脏、睾丸和心脏也形成脓疱。

（1）病理变化　早期病兔鼻咽黏膜出现卡它性炎症病变，充血，肿胀，慢性病兔出现化脓性炎症。支气管肺炎型病兔在支气管和肺部出现不同程度的炎性病变，肺部和其他实质脏器有化脓灶。

（2）诊断要点　根据临床症状，结合流行特点及剖检变化可作出初步诊断，但要与巴氏杆菌病等相区别。巴氏杆菌一般肺部不形成脓疱，而波氏杆菌多形成脓疱。必要时通过微生物学检验确诊。

（3）防治措施　加强饲养管理，搞好兔舍清洁卫生，寒冷季节既要注意保暖，又要注意通风良好，减少各种应激因素刺激。高发地区应使用兔波氏杆菌灭活苗预防注射，每只肌内注射或皮下注射 1ml，7d 后产生免疫力，每年免疫 3 次。由于鼻炎型和肺炎型病例多由巴氏杆菌和波氏杆菌等混合感染，因此，建议使用巴氏杆菌-波氏杆菌二联苗，效果更好。

国内外大量的研究表明，巴氏杆菌和波氏杆菌往往混合感染，而临床表现极为相似。因此，预防和治疗这两种疾病应同时进行。往往注射单一疫苗不起作用，若注射巴氏杆菌—波氏杆菌两联苗，可取得较满意效果。

发现病兔时，一般病兔及严重病例应及时淘汰，杜绝传染来源。对有价值的种兔应及时隔离治疗。卡那霉素，每千克体重 5mg，肌内注射，每日 2 次；新霉素，每千克体重 40mg，肌内注射，每日 2 次；磺胺嘧啶钠，每千克体重 0.2 ~ 0.3g，肌内注射，每日 2 次，连用 3 ~ 4d；庆大霉素，每千克体重 2.2 ~

4.4mg，肌内注射，每日2次。

3. 大肠杆菌病

本病是由致病性大肠杆菌及其毒素引起的一种发病率、死亡率都很高的家兔肠道疾病。多发于出生乳兔、乳期仔兔和断乳后的幼兔。一年四季均可发病，饲养管理不良、饲料污染、饲料和天气突变、卫生条件差等导致肠道正常微生物菌群改变，使肠道常在的大肠杆菌大量繁殖而发病，也可继发于球虫及其他疾病。

（1）临床症状　本病最急性病例突然死亡而不显任何症状，初生乳兔常呈急性经过，腹泻不明显，排黄白色水样粪便，腹部膨胀，多发生在出生后5～7d，死亡率很高。未断奶乳兔和幼兔多发生严重腹泻，排出淡黄色水样粪便，内含有黏液。病兔迅速消瘦，精神沉郁，食欲废绝，腹部膨胀，磨牙。体温正常或稍低，多于数天后死亡。

（2）病理变化　乳兔腹部膨大，胃内充满白色凝乳物，并伴有气体；膀胱内充满尿液、膨大；小肠肿大、充满半透明胶冻样液体，并有气泡。其他病兔肠内有两头尖的细长粪球，其外面包有黏液，肠壁充血、出血、水肿；胆囊扩张，个别肺部出血。

（3）诊断要点　根据本病仔幼兔发生较多，腹泻，脱水、粪便中带有黏液性分泌物等症状，配合病理剖检作出初步诊断，通过实验室进行细菌学检验确诊。

（4）防治措施　仔兔在断乳前后饲料要逐渐更换，不要突然改变。调整饲料配方，使粗纤维含量在12%～14%；平时要加强饲养管理和兔舍卫生工作。用本兔群分离到的大肠杆菌制成灭活疫苗进行免疫接种，20～30日龄仔兔肌内注射1ml，可有效控制本病的流行。如已发生本病流行，应根据由病兔分离到的大肠杆菌所作药敏试验，选择敏感药物进行治疗。链霉素肌内注射，每千克体重10万～20万单位，每日2次，连用3～5d。也可用庆大霉素、氟哌酸、土霉素等药物。使用微生态制剂对本病有良好的预防和治疗效果。严重患兔应同时配合补液、收敛、助消化等支持疗法。

在发病期间，控制精料喂量，干草、树叶等优质粗饲料自由采食，有助于本病的控制。轻症患兔不用药物也可逐渐好转。

4. 葡萄球菌病

引起家兔葡萄球菌病的病菌主要是金黄色葡萄球菌。此菌广泛存在于自然界，一般情况下不引起发病，在外界环境卫生不良、笼具粗糙不光滑、有尖锐物、笼底不平、缝隙过大等引起外伤时感染而发病，或仔兔吃了患葡萄球菌病母兔的乳汁而发病。由于感染部位、程度不同，呈现不同的症状和类型。

①脓肿型：在家兔体表形成一个或数个大小不一的脓肿，全身体表都可发生。脓肿外包有一层结缔组织包膜，触之柔软而有弹性。体表发生脓肿一般没有全身症状，精神和食欲基本正常，只是局部触压有痛感。如脓肿自行破溃，经过一定时间有的可自愈，有的不易愈合，有少数脓肿随血液扩散，引起内脏器官发生化脓病灶及脓毒败血症，促使病兔迅速死亡。

②乳房炎型：由乳房外伤或仔兔吃奶时损伤感染葡萄球菌引起急性乳房炎时，病兔全身症状明显，体温升高，不吃，精神沉郁，乳房肿大，颜色暗红，常可转移至内脏器官引起败血症死亡，病程一般5d左右。慢性乳房炎症状较轻，泌乳量减少，局部发生硬结或脓肿，有的可侵害部分乳房或整个乳房。

③仔兔黄尿病：本病也是由于仔兔哺乳了患乳房炎母兔的乳汁，食入了大量葡萄球菌及其毒素而发病。整窝仔兔同时发病，排出少量黄色或黄褐色水样粪便，肛门周围及后肢潮湿，腥臭，全身发软，昏睡，病程2~3d，死亡率很高。

④仔兔脓毒败血症：由于产箱、垫草和其他笼具卫生不良，

病原菌污染严重；或笼具表面粗糙，刺破仔兔皮肤而感染以葡萄球菌为主的病原菌。临床上仔兔出生 4d 后体表出现数个白色隆起的脓包，似小刺猬。患兔生长发育受阻，多数死亡。幸存者发育差，成为僵兔，没有饲养价值。

（1）病理变化　主要在体表或内脏见到大小不一，数量不等的脓肿。乳房炎病兔乳房有损伤、肿大。仔兔黄尿病时肠黏膜充血、出血，肠内充满黏液；膀胱极度扩张，充满黄色或黄褐色尿液。脓毒败血症时全身各部皮下、内脏出现粟粒大到黄豆大白色脓疱。

（2）诊断要点　根据病兔体表损伤史、脓肿、母兔乳房炎症作出诊断，必要时应作细菌学检查。

（3）防治措施　做好环境卫生与消毒工作，兔笼、兔舍、运动场及用具等要经常打扫和消毒，兔笼要平整光滑，垫草要柔软清洁，防止外伤，发生外伤要及时处理，发生乳房炎的母兔停止哺喂仔兔。

发生葡萄球菌病时要根据不同病症进行治疗。皮肤及皮下脓肿应先切开皮下脓肿排脓，然后用 3% 双氧水或 0.2% 高锰酸钾溶液冲洗，然后涂以碘甘油或 2% 碘酊等。患乳房炎时，未化脓的乳房炎用硫酸镁或花椒水热敷，肌内注射青霉素 10 万 ~20 万单位，出现化脓时应按脓肿处理，严重的无利用价值病兔应及早淘汰。已出现肠炎、脓毒败血症及黄尿病时应及时使用抗生素药物治疗，并进行支持疗法。

5. 产气荚膜梭菌病

产气荚膜梭菌病又叫魏氏梭菌性肠炎，是由 A 型产气荚膜梭菌引起家兔的一种急性传染病，由于产气荚膜梭菌能产生多种强烈的毒素，患病后死亡率很高。

本病一年四季均可发病，以冬春季节发病率高，各年龄均易感，以1～3月龄多发，主要通过消化道感染，由于长途运输、饲养管理不当、饲料突变、精料过多、气候骤变和滥用抗生素等均可诱发本病。

（1）临床症状 有的病例突然死亡而不出现明显症状。大多数病兔出现急性腹泻下痢，呈水样、黄褐色，后期带血、变黑、腥臭。精神沉郁，体温不高，多于12h至2d死亡。

（2）病理变化 一般肛门及后肢沾污稀粪，胃黏膜出血、溃疡，小肠充满液体与气体，肠壁薄，肠系膜淋巴结肿大，盲肠、结肠充血、出血，肠内有黑褐色水样稀粪、腥臭，肝、脾肿大，胆囊充盈，心脏血管怒张呈树枝状。急性死亡的病例胃内积有食物和气体，胃底部黏膜脱落。

（3）诊断要点 根据胃溃疡，盲肠条纹状出血，急性水样腹泻等作出初步诊断，通过细菌学检验确诊。

（4）防治措施 加强饲养管理，搞好环境卫生，对兔场、兔舍、笼具等经常消毒，对疫区或可疑兔场应定期接种A型产气荚膜梭菌氢氧化铝灭活菌苗或甲醛灭活菌苗，每只皮下注射1～2ml，7周后产生免疫力，免疫期6个月左右。

根据笔者研究，诱发本病的四大病因：饲料突变、日粮纤维含量低、卫生条件差和滥用抗生素。要从以上4个方面入手做好预防工作。

一旦发生本病，应迅速做好隔离和消毒工作，对急性严重病例，无救治可能的应尽早淘汰，轻者、价值高的种兔可用抗血清治疗，每千克体重2～5ml，并配合使用抗生素及磺胺类药物。对未发病的健康兔紧急进行免疫接种。

近年来，使用微生态制剂，平时每吨饲料喷洒1～2kg，或按千分之一到二的比例饮水，可有效预防该病。发病期间，饮水中加入1%～2%的生态素（一种以乳酸菌和枯草芽孢杆菌为主的微生态制剂)，连续饮用3～5d，可控制病情。对发病初期的患兔口服生态素，小兔每只3ml，大兔5ml，严重时加倍，3d治愈。

6. 皮肤真菌病

由须毛癣菌属和石膏样小孢子菌属引起的以皮肤角化、炎性坏死、脱毛、断毛为特征的传染病。许多动物及人都可感染此病。自然感染可通过污染的土壤、饲料、饮水、用具、脱落的被毛、饲养人员等间接传染以及交配、吮乳等直接接触而传染，温暖、潮湿、污秽的环境可促进本病的发生。本病一年四季均可发生，以春季和秋季换毛季节最易发，各年龄兔均可发病，以仔兔和幼兔的发病率最高。

(1) 临床症状　由于病原菌不同，表现症状也不相同。

①须毛癣菌病。多发生在脑门和背部，其他皮肤的任何部位也可发生，表现为圆形脱毛，形成边缘整齐的秃毛斑，露出淡红色皮肤，表面粗糙，并有灰色鳞屑。患兔一般没有明显的不良反应。

②小孢子霉菌病。患兔开始多发生在头部，如口周围及耳朵、鼻部、眼周、面部、嘴以及颈部等皮肤出现圆形或椭圆形突起，继而感染肢端、腹下、乳房和外阴等。患部被毛折断，脱落形成环形或不规则的脱毛区，表面覆盖灰白色较厚的鳞片，并发生炎性变化，初为红斑、丘疹、水泡，最后形成结痂，结痂脱落后呈现小的溃疡。患兔剧痒，骚动不安，食欲降低，逐渐消瘦，最终衰竭而死，或继发感染葡萄球菌或链球菌等，使病情更加恶化，最终死亡。泌乳母兔患病，其仔兔吃奶后感染，在其口周围、眼睛周围、鼻子周围形成红褐色结痂，母兔乳头周围有同样结痂。其仔兔基本不能成活。

(2) 防治措施　小孢子霉菌病是对家兔危害最为严重的皮

肤病，在某种程度上，其危害程度不亚于兔瘟和疥癣病，因此，必须提高警惕。

平时要加强饲养管理，搞好环境卫生，注意兔舍内的湿度和通风透光。经常检查兔群，发现可疑患兔，立即隔离诊断治疗。如果个别患有小孢子霉菌病，最好就地处理，不必治疗，以防成为传染源。而对于须毛癣，危害较小，可及时治疗。环境要严格消毒，可选用2%的火碱水或0.5%的过氧乙酸。对于患有该病的兔场，消毒工作是非常重要的，否则，即便全部淘汰，该环境再使用，仍然发生该病。因此，建议不同消毒方法循环使用：火焰-百毒杀-高聚碘消毒剂，火焰-过氧乙酸或福尔马林+高锰酸钾。反复2~3次。

患兔局部可涂擦克霉唑药水溶液或软膏，每天3次，直至痊愈；也可以用10%的水杨酸钠、6%的苯甲酸或5%~10%的硫酸铜溶液涂擦患部，直至痊愈。全群防治可投服灰黄霉素，每千克饲料加入灰黄霉素400~800mg，连用15d，停药15d再用药15d。可以控制本病，但不能根除本病。由于灰黄霉素具有致癌作用，对肝脏破坏严重，因此，该药物使用时间要严格限制，用药剂量也要严格控制。咪康唑、益康唑、联苯苄唑（孚琪、霉克、孚宁、孚康、美克、必伏）、酮康唑等对皮肤真菌病都有一定效果，可以选用。

### （三）寄生虫性传染病

#### 1. 球虫病

球虫病是家兔常发的一种寄生虫病，危害也是最严重的一种，可引起大批死亡。家兔球虫多达14种，其中最常见的有兔艾美尔球虫、穿孔艾美尔球虫、大型艾美尔球虫、中型艾美尔球虫、无残艾美尔球虫、梨型艾美尔球虫、盲肠艾美尔球虫等。隐性带虫兔和病兔是主要传染源，断奶仔兔至3月龄幼兔易感。成年兔发病较轻或不表现临床症状。断奶、变换饲料、营养不良、笼具和兔场、兔舍卫生差、饲料、饮水污染等都会促使本病发生与传播。

（1）临床症状　根据不同的球虫种类、不同的寄生部位分为肠球虫、肝球虫和混合型球虫。主要表现食欲减退或废绝，精神沉郁，伏卧不动，生长缓慢或停滞，眼鼻分泌物增多，贫血，可视黏膜苍白，下痢，尿频，腹围增大，消瘦，有的出现神经症状。

肠球虫病多呈急性，死亡快者不表现任何症状突然倒地，角弓反张，惨叫一声便死。稍缓者出现顽固性下痢，血痢，腹部胀满，臌气，有的便秘与下痢交替出现。

肝球虫病在肝区触诊疼痛，肿大，有腹水，黏膜黄染，神经症状明显。后期后躯麻痹，不能站立。

混合型则出现以上两种症状。

（2）病理变化

肠球虫：胃黏膜发炎，小肠内充满气体和大量液体，肠壁充血，十二指肠扩张、肠壁增厚、出血性炎症。慢性病例肠黏膜出现许多小而硬的白色结节，内含球虫卵囊，尤以盲肠最多见，有的出现化脓及溃疡。

肝球虫：可见肝脏肿大，肝表面及肝实质有大小不等的白色结节，内含球虫卵囊，胆囊肿大，充满浓稠胆汁、色淡，腹腔积液。

混合型：可见以上两种病理变化。

（3）诊断要点　临床观察急性型发病突然，死亡很快，有角弓反张、尖叫、四肢划动等症状；肝球虫死亡之前多有后肢麻痹表现；慢性患兔消化机能失调、胀肚；病兔粪便或肠内容物有大量的球虫卵囊，肝球虫在肝脏表面可见大小不一的白色球虫坏死灶。

（4）防治措施　加强饲养管理，兔笼、兔舍勤清扫，定期消毒，粪便堆积发酵处理，严防饲草、饲料及饮水被兔粪污染，成兔与幼兔分开饲养。定期预防性喂服抗球虫药物。一旦发现病兔应及时隔离治疗，可用氯苯胍每千克体重10mg喂服或按125mg/kg饲料的比例拌料饲喂，连用2～3周，对断奶仔兔预防时可连用2个月；克球粉每千克体重50mg喂服，连用5～7d；地克珠利3～5mg/kg饲料拌料。以上药物对球虫病均有较好效果，为预防耐药性产生，可采取交叉用药。

2. 疥癣病

疥癣是由螨寄生于家兔皮肤而引起的一种体外寄生虫病。引起家兔发病的螨主要有兔疥螨、兔背肛螨、兔痒螨和兔足螨。螨主要在兔的皮层挖掘隧道，吞食脱落的上皮细胞及表皮细胞，使皮层受到损伤并发炎。

兔螨病主要发生在秋冬季节绒毛密生时，潮湿多雨天气、环境卫生差、管理不当、营养不良、笼舍狭窄、饲养密度大等都可促使本病发生。可直接解除或通过笼具等传播。

（1）临床症状　兔疥螨和兔背肛螨寄生于兔的头部和掌部无毛或毛较短的部位，如嘴、上唇、鼻孔及眼睛周围，在这些部位真皮层挖掘隧道，吸食淋巴液，其代谢物刺激神经末梢引起痒感。病兔擦痒使皮肤发炎，以致发生疱疹、结痂、脱毛，皮肤增厚，不安、搔痒，饮食减少，消瘦，贫血，甚至死亡。

兔痒螨主要侵害兔的耳部，开始耳根部发红肿胀，而后蔓延到耳道发炎。耳道内有大量炎性渗出物，渗出物干燥结成黄色硬痂，堵塞耳道，有的引起化脓，病兔发痒，有时可发展到中耳和内耳，严重的可引起死亡。

兔足螨多在头部皮肤、外耳道、脚掌下面、甚至四肢寄生，患部结痂、红肿、发炎、流出渗出物、不安奇痒，不时搔抓。

（2）诊断方法　根据临床症状和流行特点作出初步诊断，从患部刮取病料，用放大镜或显微镜检查到虫体即可确诊。

（3）防治措施　保持兔舍清洁卫生，干燥，通风透光，兔场、兔舍、笼具等要定期消毒，引种时不要引进病兔，如有螨病发生时，应立即隔离治疗或淘汰，兔舍、笼具等彻底消毒，选用1%的敌百虫水溶液、3%的热火碱水或火焰消毒。对健康兔每年进行1~2次预防性药物处理，即用1%~2%的敌百虫水溶液滴耳和洗脚。对新引进的种兔作同样处理。

治疗病兔可用阿维菌素（商品名：虫克星），每千克体重0.2mg皮下注射（严格按说明剂量），具有特效；伊维菌素（商品名；害获灭、灭虫丁），按每千克体重0.2mg皮下注射，第一次注射后，隔7~10d重复用药一次。

2%~2.5%敌百虫酒精溶液喷洒涂抹患部，或浸洗患肢；0.15%的杀虫脒溶液涂抹患部或药浴。对耳道病变，应先清理耳道内脓液和痂皮，然后滴入或涂抹上述药物。

（4）根除疥癣的生产经验

①三早。即早预防、早发现、早治疗。无病先防，有病早治，把疾病控制在萌芽状态。健康兔群每年最少预防1~2次，绝不要等到全群发病后再去治疗。

②重复用药。螨虫对药物的抵抗力不大，一般的治疗药物均可将其杀死。但其卵对药物有较强的抵抗力。由于卵的外膜特殊结构，药物难以进入，因而一般药物不起作用。但是，经过几天的孵化，卵破壳而出，这时候其对于药物的抵抗力是非常弱小的。因此，第一次用药后将螨虫杀死，停7~10d，其卵孵化后，再次用药。以后重复1~2次。

③严格消毒。用药只能将兔身体上的螨虫杀死，但隐藏在兔

周围环境的螨虫还会继续爬到兔体。因此，在用药的同时，彻底将患兔周围环境消毒。最好消毒方法是火焰喷灯。

3. 栓尾线虫病

栓尾线虫病是栓尾线虫寄生在兔子的盲肠和结肠内引起的一种线虫病，又称蛲虫病。近年来发现，该病的感染率呈现逐渐增加的趋势。

（1）临床症状　栓尾线虫呈线状，两端较细，中间较粗，雌雄异体，雄虫细小，长3～5mm，宽0.3mm。雌虫较粗大，长8～12mm，宽0.5mm。感染后依据感染强度及年龄等不同有所差异。寄生的虫体数量不多时，常不表现明显的临床症状。当大量寄生时，可造成一定程度的消化不良、轻度腹泻、肛门瘙痒，被毛粗乱无光，逐渐消瘦等症状。当雌虫夜间在患兔肛门产卵时，可表现伏卧不安、肛门瘙痒现象。

（2）诊断　夜间在患兔的肛门处可看到爬出的虫体，在粪便表面有时可见到排出的虫体。用直接涂片法或饱和盐水漂浮法，在显微镜下观察虫卵。剖检可在盲肠或结肠发现虫体。

（3）防治措施　加强兔舍和笼具的卫生管理，定期消毒，粪便堆积发酵；对引进的种兔粪便进行虫卵检查，发现携带者，立即驱虫；对全群每年2次驱虫，可用丙硫苯咪唑，每千克体重10mg口服，每日一次，连用2～3日。

（4）治疗　丙硫苯咪唑，每千克体重10～20mg，每日一次，连用2日；左旋咪唑，每千克体重5～6mg，每日一次，连用2日；吡哌嗪，成年兔每千克体重0.5g，幼兔每千克体重0.75mg，每日一次，连用2日。

## 四、主要普通病防控技术

1. 流行性腹胀病

近年来，在我国多数地区发生了一种以消化器官病变为主、以腹胀为特征的疾病，薛家宾研究员将其暂定名为“流行性腹胀病”。

关于这一疾病名称的命名，有一些人有不同看法。因为不清楚到底是什么病原菌引起的，其是否有流行性也不很清楚。但是，名称不是什么原则问题，正如生了一个小孩，起一个乳名而已。

几年来，我国的兔病科技工作者对该病的病原菌进行分离，从中分离出多种细菌，其中以产气荚膜梭菌和大肠杆菌为主。但是，简单通过分离的细菌进行攻毒，很难复制出流行性腹胀病来。可见，该疾病的病原菌和发病机理比较复杂，至今尚未研究清楚。

（1）诱发因素

①消化道冷应激。几个病例表明，消化道受到冷应激，如饮用带冰碴的水，采食了冰冻的饲料，会诱发本病的发生。

②采食过量。对发生该病的多例进行调查发现，同样的饲料不同的饲喂方法，发病率不同。凡是发生疾病的兔场，基本上是自由采食。而没有发生疾病的兔场，均为定时定量，喂料量约为自由采食的 80%。据此笔者进行试验，用同一种饲料，一部分自由采食，一部分限饲到 80%。结果成功复制了生产中的现象。

③饲料发霉。本实验室对发生以腹胀为主要特征疾病兔场的饲料进行霉菌培养，每克含有霉菌数量 10 万以上，远远超过了限量上限。当更换了发霉的粗饲料（花生皮居多）之后，本病得到逐渐控制。

④突然换料。2008 年以来，研究发现，一些兔场在使用某饲料厂的饲料后发生了流行性腹胀病。兔场认为饲料有问题。但使用同一饲料的其他绝大多数兔场均没有发生类似疾病。经了解，该发病兔场没有经过饲料过渡，直接更换饲料而导致该病的发生。

⑤其他疾病。在诊断的众多流行性腹胀病中，很多病例是混合感染，包括与大肠杆菌、球虫、产气荚膜梭菌、巴氏杆菌、波氏杆菌等。

⑥环境应激。包括断乳应激、气候突变、转群或长途运输等。

通过上百病例的分析显示，凡是影响消化道内环境的因素，均可导致家兔的消化机能失常，进而诱发流行性腹胀病的发生。因此，消除消化道内外应激因素，是控制本病的有效措施。

（2）防控措施

①控制喂量。对患兔先采取饥饿疗法或控制采食量，在疾病的多发期 1～3 月龄的幼兔限制喂量（自由采食的 80% 左右）。

②大剂量使用微生态制剂。平时在饲料中或饮水中添加微生态制剂，以保持消化道微生态的平衡，以有益菌抑制有害微生物的侵入和无限繁衍。当疾病高发期，微生态制剂加倍。当发生疾病时，直接口服微生态制剂，连续 3d，有较好效果。

③搞好卫生。尤其是饲料卫生、饮水卫生和笼具卫生，降低兔舍湿度，是控制本病的重要环节。

④控制饲料质量。一是饲料营养的全价性；二是饲料中霉菌及其毒素的控制；三是饲料原料的选择，尽量控制含有抗营养因子的饲料原料和使用比例；四是适当提高饲料中粗纤维的含量；五是尽量缩短饲料的保存期，控制保存条件。

⑤预防其他疾病。尤其是与消化道有关的疾病，如大肠杆菌

病、产气荚膜梭菌病、沙门氏菌病、球虫病和其他消化道寄生虫病。

⑥加强饲养管理。规范的饲养，程序化管理，是控制该病所需要的。减少应激，尤其是对断乳小兔的“三过渡”（环境、饲料和管理程序），减少消化道负担，保持兔体健康，提高动物自身的抗病力是非常重要的。一旦发生疾病，在采取其他措施的同时，放出患兔活动，尤其是在草地活动，可使病情得到有效缓解。由此得到启发，采取“半草半料”法，也不失为预防该病的另一途径。

此外，国内外学者采取药物防治取得较好效果。

浙江省农科院鲍国连研究员课题组以“溶菌酶+百肥素”防治腹胀病临床试验。选择某腹胀病发病兔场1015只兔使用“溶菌酶+百肥素”预防，按每吨饲料各添加200g，有效率达90%（913/1015），对照未用药组36只兔死亡17只，死亡率达47%（17/36）。

江苏省农科院薛家宾研究员课题组以复方新诺明按照饲料的0.1%或饮水的0.2%进行预防，有较好效果。

此外，四川畜牧科学院林毅研究员以恩拉霉素进行防治，欧洲在饲料中添加金霉素进行预防，均有一定效果。

由此可见，该病是多因素所致，多管齐下比单一措施的效果可能更好一些。

2. 霉菌毒素中毒

（1）临床症状　家兔采食了发霉的饲料后很容易引起中毒。能引起家兔中毒的霉菌种类比较多，其中以黄曲霉毒素毒性最强。由于不同的霉菌所产生的毒素不同，家兔中毒后表现的症状也不同，主要有以下几种。

①瘫软型：患兔精神沉郁，食欲减退或废绝，体温有所升

高，浑身瘫软，四肢麻痹，头触地，不能抬起。多数急性发作，2～3d 死亡。此种类型以泌乳母兔发病率最高，其次为妊娠母兔。

②后肢瘫痪型：此种类型多发生在青年母兔配种的第一胎，临产前（29～30d），突然发病，表现为后肢瘫痪，撇向两外侧，不能自愈和治愈。

③死产流产型：妊娠母兔在后期流产，没有流产的产出死胎，死胎率多少不等，少则 10%～20%，多者达到 80% 以上。胎儿发育基本成型，呈黑紫色或污泥色，皮肤没有弹性。

④肠炎型：患兔精神沉郁，食欲减退，粪便不正常，有时腹泻，有时便秘，有的突然腹泻，粪便呈稠粥样，黑褐色，带有气泡和酸臭味。本类型的特点是采食量越大，发病越急，病情越严重。如不及时治疗，很快死亡，有的在死前有短暂的兴奋。

⑤流涎型：患兔突然发病，流出大量的口水。不仅发生在幼兔，而且成年兔（特别是采食量较大的母兔）的发病率更高。患兔精神不振，食欲降低，在短期内流失大量的体液。如不及时治疗，也可造成死亡。

⑥便秘胀肚型：患兔腹胀，用手触摸腹腔有块状硬物。解剖发现盲肠内有积聚的干硬内容物。此种类型很难治愈。

（2）预防措施　目前本病尚无特效解毒药物，主要在于预防。不喂发霉变质饲料，饲料饲草要充分晾晒干燥后贮存，贮存时要防潮。湿法压制的颗粒饲料应现用现制，如存放也要充分晾晒，以防发霉。在多雨高湿季节，饲料中添加防霉剂（如丙酸钙或丙酸钠），可有效预防饲料发霉。发现霉菌毒素中毒，应尽快查明发霉原因，停喂发霉饲料，多喂青草。急性中毒应用缓泻药物排除消化道内毒物。内服制霉菌素或克霉唑等药物抑制或杀灭消化道内霉菌。静脉注射或腹腔注射葡萄糖注射液等维持体况，全群饮用水可弥散型维生素，连用3～5d。

3. 流产

母兔怀孕中断，排出未足月的胎儿叫流产。母兔流产前一般不表现明显的征兆，或仅有一般性的精神和食欲的变化，常常是在兔笼中发现产出的未足月的胎儿，或者仅见部分遗落的胎盘、死胎和血迹，其余的已被母兔吃掉。有的母兔在流产前可见到拉毛、衔草、做窝等产前征兆。

母兔流产的原因很多，比如机械损伤（摸胎、捕捉、挤压）、惊吓（噪音、动物闯入、陌生人接近、追赶等）、用药过量或长期用药、误用有缩宫作用的药物或激素、交配刺激（公母混养、强行配种以及用试情法作妊娠诊断）、疾病（患副伤寒、李氏杆菌病或腹泻、肠炎、便秘等）、遗传性流产（近亲交配、致死或半致死基因的重合）、营养不足（饲料供给量不足、膘情太差、长期缺乏维生素A、维生素E及微量元素等）、中毒（如妊娠毒血症、霉饲料中毒、有机磷农药中毒、大量采食棉籽饼造成棉酚中毒、大量采食青贮料或醋糟等）。

在生产中以机械性、精神性及中毒性流产最多。如果发现母兔流产，应及时查明原因并加以排除。有流产先兆的病兔可用药物进行保胎，常用的药物是黄体酮15mg，肌内注射。对于流产的母兔应加强护理，为防止继发阴道炎和子宫炎而造成不孕，可投喂磺胺或抗生素类药物，局部可用0.1%高锰酸钾溶液冲洗。让母兔安静休息，补喂高营养饲料，待完全康复后再配种。

4. 死胎

母兔产出死胎称死产，若胎儿在子宫内死亡，并未流出或产出，而且在子宫内无菌的环境里，水分等物质逐渐被吸收，最终钙化，而形成木乃伊。胎儿死亡的原因很多，总的来说分娩前死亡（即妊娠中后期、特别是妊娠后期死亡）和产中死亡，而产后死亡是另一回事。产中死亡多为胎位不正、胎儿发育不良，或胎儿发育过大，产程过长，仔兔在产道内受到长时间挤压而窒息；产前死亡的原因比较复杂，如母兔营养不良，胎儿发育较差，母兔妊娠后期停食，体组织分解而引起酮血症，造成胎儿死亡；妊娠期间高温刺激，造成胎儿死亡，妊娠中止；饲喂有毒饲料或发霉变质饲料；近亲交配或致死、半致死基因重合；妊娠期患病、高烧及大量服药；机械性造成胎儿损伤。此外，种兔年龄过大，死胎率增加。由于胎儿过大，产程延长而造成胎儿窒息死亡多发生于怀胎数少的母兔，以第一胎较多。公兔长期不用，所交配的母兔产仔数往往较少。为防止胎儿过度发育造成难产或死产，应限制怀仔数较少的妊娠母兔的营养水平和饲料供给量。若31d 不产仔，应采取催产技术。其他原因造成的死产应有针对性地加以预防。

5. 妊娠毒血症

妊娠毒血症发生于母兔怀孕后期，是由于怀孕后期母兔与胎儿对营养物质需要量增加，而饲料中营养不平衡，特别是葡萄糖及某些维生素的不足，使得内分泌机能失调，代谢紊乱，脂肪与蛋白质过度分解而致。怀孕期母兔过肥或过瘦均易发生本病。

本病大多在怀孕后期出现精神沉郁，食欲减退或废绝，呼吸困难，尿量少，呼出气体与尿液有酮味，并很快出现神经症状，惊厥，昏迷，共济失调，流产等，甚至死亡。

预防本病，母兔在妊娠后期要提高饲料营养水平，喂给全价平衡饲料，补喂青绿饲料，饲料中添加多种维生素以及葡萄糖等有一定预防效果。如发现母兔有患病症状，可内服葡萄糖或静脉注射葡萄糖溶液及地塞米松等，有较好效果。

6. 脚皮炎

脚皮炎是目前我国各兔场较普遍的一种疾病。主要是足底脚毛受到外部作用（如摩擦、潮湿）而脱落，皮肤受到机械损伤而破溃，感染病原菌引起的炎症。

本病以后肢跖趾部跖侧面最为多见。病初患部表皮充血、发红、稍微肿胀和脱毛，继而出现脓肿，形成大小不一、长期不愈的出血性溃疡面、形成褐色脓性痂皮，不断流出脓液。病兔不愿走动，但不时抬移患脚，轮换休息。食欲减退，消瘦，严重者衰竭死亡。有的病兔引起全身性感染，以败血症死亡。

对该病进行调查研究发现，6 月龄以前的发病率较低，成年种兔发病率较高；体重越大，发病率越高；兔舍湿度越大，越容易发病；品种和个体间有较大的差异。脚毛越丰厚，发病率越低；新西兰和加利福尼亚兔发病率很低，而弗朗德兔和塞北兔等品种的发病率较高。兔笼踏板质量不良，是该疾病的主要诱因。种兔一旦患病，极大影响配种行为。严重患兔将丧失种用价值。

实践中发现，由于患病部位于足底部的着力处，经常接触污染的地面和受到机械摩擦，很难获得修养的机会。因此，用任何药物对该病的治疗均不理想。而采取以保护为主的方法效果较好。一方面，将细沙土在阳光下暴晒消毒，然后将患兔放在沙土上饲养 1～2 周，可自然痊愈；经常检查种兔脚部，发现有脚毛脱落的，立即用橡皮膏缠绕，保护局部，免受机械损伤。2 周后脚毛长出后即可；为了预防该病发生，加强脚踏板质量控制，使其平整、间隙合适、表面没有钉头毛刺和节茬；对于大型种兔，可在踏板上面放一个大小适中的木板，让种兔在上面活动，可降低本病的发生。

由于本病与脚毛有关，因此，加强脚毛的育种是控制本病的最有效方法。

# 第九节 排泄物及废弃物无害化处理技术

随着畜牧业的蓬勃发展，养殖规模不断扩大，畜禽养殖场废弃物对环境的污染已经成为继工业污染、城市废水污染之后的第三大污染源。2013 年 10 月 8 日国务院第 26 次常务会议通过了《畜禽规模养殖污染防治条例》，要求加强防治畜禽养殖污染，推进畜禽养殖废弃物的综合利用和无害化处理，保护和改善环境，保障公众身体健康，促进畜牧业持续健康发展。

## 一、粪便无害化处理

粪便中含有大量未被消化的有机物质，排出体外之后会迅速腐败发酵，产生硫化氢、氨、胺、硫醇，苯酚、挥发性有机酸，以及吲哚、粪臭素等恶臭物质，污染空气；过量的氮、磷、钠和钾等进入土壤，造成某些土壤的微孔减少，破坏土壤结构，严重影响土壤质量，畜禽粪便碱性强，也会造成粪便堆积处周围的玉米、树木等植物成片死亡；此外，畜禽粪便中含有大量的病原微生物和寄生虫虫卵，在炎热的夏季，微生物和寄生虫虫卵的大量繁殖，蚊蝇的大量滋生，存在着传播疫病的风险。

目前，我国的畜禽粪便处理大致可分为：施用于农田作肥料、用于沼气发酵和制成饲料等方式。养兔场排出的兔粪和污染物中含有大量的有机物、矿物元素、腐殖质及其他物质，经无害化处理后，可杀灭其中的病原微生物、寄生虫和虫卵，处理后的粪便和污物施入农田后，可起到改善土壤结构，提高土壤保水保肥能力的效果；发酵后的兔粪可以作为生物饲料饲喂家兔，缓解粗饲料资源匮乏的问题；产生的沼气可以作为燃料，经济环保；分离出来的污水在净化以后还可简单的再利用，可谓一举多得。

**(一) 用作肥料**

兔粪中除了粗纤维、蛋白质、糖类和脂肪类物质等主要成分，还含有氮、磷、钾、硼、锰、钴、铜等矿物质。经过6星期左右腐熟堆肥处理的兔粪，利用微生物分解粪便中的有机物，使非蛋白氮转化为可消化氮，释放速效养分，分解过程产生的高温腐熟的粪便中大分子有机物被降解为易被植物吸收的小分子物质，实现兔粪的无害化处理，使兔粪变成高效有机肥料。将粪便作为肥料还田是一种促进农牧良性循环、维持生态平衡的有效措施。

兔粪堆肥是一个由多种微生物参与对畜禽粪便中有机物进行的复杂生化反应过程。所有影响微生物活性的因素都将对堆肥化进程和产品的质量造成影响。主要把握以下几个技术参数。

(1) 温度　在堆肥过程中，温度是影响堆肥效果和决定其能否达到无害化处理要求的重要指标之一。一般保持38~55℃，温度过高，有机质会过度消耗，降低堆肥质量，温度较低则不能杀死粪便中的病原微生物、寄生虫及其卵等。采用调整通风量或采用翻堆的办法控制堆体的温度。

(2) 水分　水分是堆肥工艺的重要参数之一。含水率保持在50%~60%最适宜，实际生产中应根据粪便所含水分适当调整。

(3) pH值　堆体pH值范围在4.5~10.5，小于4.5或大于10.5时，均会降低微生物的活性，使堆体温度降低、堆肥分解速率减慢，甚至产生有害的中间产物。

(4) 碳氮比　C/N决定着堆肥中的微生物的生长趋势，影响着有机物的分解速度。最适的微生物C/N比为（25~35）：1，若C/N比值过高或过低，都会影响有机物分解效率。同时，氮含量过高会导致氮以氨气的形式挥发，污染环境。

（5）氧的含量　堆肥中的含氧量直接关系着微生物的生长活动，最好维持在10%左右。

在利用兔粪发酵堆肥生产有机肥料时，可以和农作物秸秆混合发酵，兔粪与农作物秸秆比例3：1，生产出的肥料有机质含量可达85%以上，秸秆还田能保持土壤结构，提高土壤肥力，有利农业生产，减少秸秆焚烧，有利环境卫生。

**（二）制成饲料**

家兔本身具有食粪性，即健康家兔有吞食自己粪便的生理行为，因而兔粪发酵后制成饲料是可行的。兔粪中含有较为丰富的粗纤维和粗蛋白质，经过发酵处理后可以替代部分粗饲料或作为蛋白质补充料使用。而且，动物粪便最终产生于微生物聚集的后肠，含有不计其数的生物学价值很高的微生物蛋白和生物活性物质。

大量试验研究表明，兔粪作为饲料的可行性。收集健康家兔的新鲜粪便，在清除混杂的植物纤维、毛发等异物后，调整总含水率在50%左右，然后进行生物发酵，按照干物质计算：粪便100份，玉米粉2份或红糖0.5份，厌氧菌种0.5份，充分混合，然后装入密闭的塑料袋或大缸，厌氧发酵，夏季7d，其他季节酌情延长，发酵结束后，开包晾晒至普通含水率10%左右，装袋保存。对发酵好的兔粪进行常规营养成分的测定，并按照国标GB 13078—2001《饲料卫生标准》进行了安全性的评价，发现发酵兔粪的各项卫生指标均达到了规定的标准。随后以15%、20%、25%的比例将发酵兔粪添加到基础日粮中替代等量的粗饲料（花生秧和玉米秸秆各半），饲喂獭兔，通过研究不同添加比例的发酵兔粪对生长獭兔生产性能、营养物质消化率、被毛品质等的影响，发现发酵兔粪确实可替代部分粗饲料应用于家兔日粮中。

**（三）用于沼气发酵**

将兔粪便用于沼气发酵是养殖业有机废弃物达到无害化处理、资源化利用的最佳途径。沼气是有机物质在厌氧条件下，微生物把复杂的有机物质中的糖类、脂肪、蛋白质降解成简单的物质，如低级脂肪酸、醇、醛、二氧化碳、氨、氢气和硫化氢等。再在甲烷菌种的作用下，使这些简单的物质变成甲烷。通过厌氧发酵装置获得的沼气中，甲烷含量高达70%以上，可以直接燃烧用于做饭、供暖、照明和气焊等外，还可作内燃机的燃料以及生产甲醇、福尔马林、四氯化碳等化工原料；经沼气装置发酵后排出的沼渣脱水干燥后可生产生态有机复合肥，沼液不但可用作饲料添加剂浸种、追肥，而且可以制成杀虫剂。

要保证沼气发酵的正常进行，沼气池要密闭，以提供厌氧环境，温度维持在20~40℃，pH值一般控制在7~8.5，有充足的养分和适量的水（80%左右）。

## 二、病兔尸体无害化处理

2013年3月，上海黄浦江松江段流域大量漂浮死猪的现象引起了社会的广泛关注，同时也将病害动物无害化处理问题摆在人们面前。实际生产中，大多数养兔场处理死畜禽的设施不足，无害化处理的能力有限，导致死兔尸体被随意丢弃，在给食品安全和疫病防控带来威胁的同时，对环境也产生了极大的污染。病害动物无害化处理是指用物理、化学或生物学等方法处理带有或疑似带有病原体的病死兔尸体，达到消灭传染源，切断传播途径，阻止病原扩散的目的。目前对于病害动物尸体进行处理，大体可分为：掩埋、焚烧、湿化、干化、消毒等几种方法。

**（一）掩埋法**

采用土坑将病害动物尸体进行深埋处理。掩埋地应远离居民住宅区，村庄、动物饲养和屠宰场所、饮用水源地、河流等地区，位于主导风向的下方，不影响农业生产。掩埋坑的大小由机械和待埋兔尸体多少决定，尽可能地深一些（2～7m），坑壁应垂直，掩埋兔尸体顶部距坑面不得少于1.5m。

首先根据掩埋尸体量在坑底撒漂白粉或生石灰（0.5～2.0kg/$m^2$），将用10%漂白粉上清液喷雾（200ml/$m^2$）处理过的动物尸体投入坑内，使之侧卧，并将污染的土层和运尸体时的有关污染物如垫草、绳索、饲料和其他物品等一并入坑，再用40cm厚的土层覆盖尸体，然后再放入未分层的熟石灰或干漂白粉20～40g/$m^2$（2～5cm厚），然后覆土掩埋，平整地面，覆盖土层厚度不应少于1.5m。设置明显标识，并定期检查。

掩埋法的优点是简便易行，常在实际工作中被采用。缺点是没有杀灭病死兔及其他废弃物中携带的病原体，存在散毒的危险，安全性较差。同时，兔场的死亡兔子多数情况下并非集中，而平时少量死亡兔子均如此处理，往往达不到规范要求。因此，不如焚烧法灵活和效果好。

**（二）焚烧法**

从生物学角度，焚烧被认为是最安全的处理病害尸体的方法之一。将病害动物尸体和其他废弃物投入焚化炉或用其他方式烧毁碳化的处理方法，废物中的有害有毒物质在高温下氧化、热解而被破坏，可同时实现无害化、减量化、资源化，是目前世界上应用广泛、最成熟的一种热处理技术，也是杀灭病原微生物最彻底、最可靠的无害化处理方法，可以用于处理病害动物尸体及其产品、垫草、医疗废物、高浓度有机废液等。商业养殖场一般利用油或气燃烧器，并且通常都装备有自动定时器，由此造成的烟雾通过焚烧后的装置来减少。需注意的是，安装和使用焚烧炉必须得到批准。

### （三）堆肥法

目前堆肥化技术在病死畜禽处理上已经得到了较广泛的应用。利用堆肥技术处理死畜禽或染疫畜禽不但可以减少环境污染、控制病菌传播，做到真正意义上的无害化、安全化，并且堆肥产品还可以作为农作物的肥料，达到资源化利用的要求。随着对堆肥技术研究的不断深入，堆肥方法不断改进，大体来说分为开放式堆肥系统和封闭式堆肥系统两种方式。

（1）开放式系统　主要是将原料堆积成窄长条垛，在好氧条件下分解。具有设备简易、成本较低、稳定性好、堆肥产品腐熟度高等优点，却也有处理周期长、占地面积大、易受天气的影响、臭气易散发、污染环境等缺点。经过改进，可在堆肥混合物的底端安装通气管，通气管由小木块、碎稻草等透气性能良好的物质包裹起来，通气管道与向堆体供气或抽气的鼓风机相连，向堆体供气。堆肥过程中不用对堆体进行翻堆，可以减少臭气的散发。另外，在堆体表面铺一层腐熟堆肥及吸附性强的物质，可以有效控制氨气等堆内气体的散发。

（2）封闭式堆肥系统　是将物料放置在部分或全部封闭的可控容器内，该容器可以控制通风和水分条件，使物料进行生物降解和转化。韩国主要通过固定式小规模装备或移动式高温、高压处理设备短时间发酵处理病死畜禽尸体，美国一般把畜禽尸体适当分割成数块，然后拌入木屑等物质，让其发酵，杀死致病微生物，并获得肥料。我国主要采用发酵池和发酵仓两种方式。发酵池是依据需要至少建设 2 个深度在 9m 左右，直径 3m 的圆形发酵池，池壁池底用不透水材料处理，池口高出地面 30cm，池口覆盖池盖，池内设透气管。病死畜禽堆积于发酵池内，待尸体完全腐败分解后，挖出作有机肥料。发酵仓是一个约 12m 长的圆罐型处理仓，死兔从前端进料门装入，再装填入破碎过的稻草等作物秸秆以后，经过生化以及机械处理，降解成无病菌的复合肥，出现在圆罐仓的另一端。相比于开放式堆肥系统，封闭式堆肥系统具有占地面积小、可有效控制通风、水分和温度等因素、受外界环境影响较小等优势。

### （四）湿化法

采用蒸汽高温高压消除有害病菌的一种方法。利用高压饱和蒸汽，直接与畜尸组织接触时放出大量热能，使尸体油脂熔化和蛋白质凝固，同时借助于高温与高压，将病原体完全杀灭。经湿化法处理后的动物尸体可做掩埋处理。也有报道介绍可采用二级油水分离器等设备提取工业用油，残渣制成蛋白质饲料或肥料，比较经济实用。但因油脂提炼自病死畜禽，生物安全性不高，现在很多国家已经限制利用病死畜禽进行油脂加工提炼。

### （五）干化法

通过一种具有高压干热消毒作用的干化机，利用循环于干化机机身夹层中的热蒸汽提供的热能，使被处理物不直接与热蒸汽接触，而是在干热和压力的作用下，达到脂肪熔化、蛋白质凝固和杀灭病原微生物的目的。干化法的优点是处理过程快，油脂中水分和蛋白质含量较低，残渣既可作饲料又可作肥料，缺点主要是不能化制全尸（整个的尸体）和大块原料，因此，不允许用于处理恶性传染病的兔尸体。

### （六）消毒法

消毒是指用物理的、化学的和生物学的方法，杀灭物体上或外界环境中所存留的有传播可能的活病原微生物的卫生防疫措施。包括高温处理法及煮沸、酸、碱等消毒液处理法。

## 三、其他废弃物无害化处理

肉兔养殖过程中除了粪尿排泄物、污水、病死兔尸体会污染环境，破坏土壤，污染的垫草、掉落的兔毛、注射用器具、药品和疫苗的包装盒、用过的疫苗等废弃物处理不善都会对环境造成威胁。

污染的垫草、兔毛可能携带有害病菌和寄生虫（卵囊）等病原微生物，随意丢弃容易造成病菌的肆意传播，加大兔群感染疫病的概率。应及时清理，可以和粪便或病死兔尸体一起深埋或堆肥发酵。

## 第十节　养殖过程质量安全控制

### 一、引进兔只安全控制

肉兔场为改良本场品种，推进良种化进程，或为了扩大本场生产规模，需要不断从外地、外省引进一批种兔。然而跨地区，甚至跨省份的种兔调运，不仅运输过程中的应激损失不可避免，还为疫病引入提供了直接途径，加大了新疫病传播的风险，输入性疫情时有发生，严重威胁着肉兔养殖业健康发展和公共卫生安全。引种兔场应严格遵守动物检疫管理相关的法规和文件，强化引种防疫规范化管理，保障引种兔只安全控制。

肉兔的引进通常有青年兔引种、冻胚引种和初生仔兔引种3种方式。青年兔引种是最实用、最普遍，当前使用最为广泛的引种方式，3~5月龄的青年肉兔生产性能、繁殖性能已经初步显现，是引种的最佳时机。冻胚引种指引进经液氮保存的受精卵。它虽不是当前引种的主要方式，却代表着新的发展趋势。冻胚在液氮中可以长期保存，随时转运，不受时空限制，能够省去活兔运输的种种困难，具有批量、经济、安全、高效的特点。初生仔兔引种即引进出生后1~3日龄的仔兔，此时仔兔与外界环境尚未建立直接联系。与常规引种相比，初生仔兔引种运输费用低，减少了种兔选育过程中的淘汰费用，避免了青年兔引种后环境应激所引起的发病威胁。

**（一）兔引进过程中安全隐患成因分析**

（1）法规制度待完善，检疫监管力度不够　现有的产地检疫规范及种畜调运规范中没有具体说明检疫所要求达到的标准，各省、市、县的检疫操作存在很大的差异。大多数省、市、县的相关职能部门防、检、监共设，检疫部门既是执行者，又是裁判者，这在很大程度上对检疫工作监督不力。

（2）疫病检测指标待全面，疫病诊断不够准确　在引种的检疫中，各地实施的疫病的检测范围不同，对可能引起疫病传播的指标检测不全面，如对各种血液寄生虫等的检疫。在检疫的过程中也存在由于操作不当或主观判断失误造成的误差。检疫建议根据当前畜禽疫病的流行情况，增加相应的检疫内容，并加强各地兽医实验室的建设，提高检疫监测人员的监测水平。

（3）隔离措施不严格　引进的种兔到达兔场所在地后，按照动物防疫规定，必须在特定区域经过严格隔离观察，强化免疫，疫病监测等措施，达到安全要求后再投入养兔场。而实际生产中，大部分地区没有用于引种的隔离场地，引进种用畜禽后，将动物放在饲养场内隔离，这对场内肉兔具有较大的威胁，因此，采取严格的隔离措施是保障畜禽安全的必要条件。

此外，养兔人员的文化素质、管理手段也与引种的安全有密切关系。安全意识淡薄的养殖户盲目相信外来品种，购买来路不明或没有检疫审批手续的种兔，一旦发病会造成重大的经济损失。

总之，引种是关系到兔场发展的一项重大措施，稍有不慎，就会引起疫病的大流行，给养兔业带来严重损失，应引起各引种单位及当地兽医监督部门甚至政府的重视。

**（二）加强安全控制的措施**

（1）降低引种疫病风险　禁止从一类疫病疫区引进种兔；对二类、三类传染病和一些新的疫病，采取有效措施降低风险，若仍有可能造成损失的，也应禁止从这类疫区引进种兔。实时掌握引种源地区的疫病流行情况，进行健康状况监测，最大程度保证引种安全。

（2）加强调运动物的检疫审批管理　从外地引进种兔必须经过主管部门动物防疫监督机构审核和上级部门的审核。加大对无检疫审批手续从事跨区域引进畜禽行为的督查力度。

（3）规范产地检疫　引种时应提前到种源地实地调查，了解产地动物疫病流行及防疫情况，经过临床检查、实验室检验以及隔离观察确认种兔健康，且具有调运种兔所需的资料和手续才能实施调运种兔。

（4）加强运输过程中动物防疫管理　在运输前将运载工具彻底清扫、消毒，严禁和腐蚀性、强烈刺激性物品、农药、杀虫剂等物品混装。根据运载工具的载重量、动物大小、气温高低、里程远近确定装载数量，既保证畜禽安全，又不浪费运输费用。途中精心饲喂，垫草、病死兔不能沿途丢弃。对染有一类、二类传染病的畜禽，就地依法无害化处理。

（5）隔离检疫和饲养管理　引进种兔必须在指定的隔离场所进行集中隔离观察检疫、免疫、驱虫等防疫措施。隔离期满，经采取各项防疫措施，健康无疫的种兔，可投放到饲养地（农户、场），与当地种兔混群饲养。饲养初期新引进种兔要精心管理，合理饲喂，减少因应激或饲养不当引起的死亡。

## 二、饲料及饲料添加剂质量安全控制

饲料安全是指饲料产品（包括饲料和饲料添加剂），在按照预期用途进行使用时，不会对动物的健康造成实际危害，在兔产品中残留、蓄积和转移的有毒有害物在控制的范围内，不会危害人体健康或对人类的生存环境产生负面影响。

### （一）饲料及饲料添加剂质量存在的问题

近几年来，由饲料安全问题引发的食品安全事件时有发生。从欧洲的“二噁英”、“疯牛病”等饲料污染事件，到国内“瘦肉精”、“三聚氰胺”等在饲料中的添加使用，饲料安全成为广大民众和各级政府关注的热点。当前我国饲料加工企业或畜禽养殖场良莠不齐，饲料安全问题复杂多样，如利益驱使下的违禁药物或饲料添加剂使用屡禁不止，饲料或添加剂中重金属超标和微量元素过量使用，劣质饲料、霉变饲料、转基因饲料常规手段很难分辨。对此，《饲料与饲料添加剂管理条例》的重新修订无疑对饲料、饲料添加剂的质量安全提出了更高的要求，从而使饲料和饲料添加剂产品更加科学、安全、有效和环保。生产中要采取有效措施，严格控制饲料安全

### （二）保证饲料及饲料添加剂质量安全的措施

①严格按照《饲料与饲料添加剂管理条例》中规定的饲料原料目录和饲料添加剂品种目录执行，条例限制使用的饲料原料和饲料添加剂不得使用。

②生产中按照饲料药物添加剂、微量元素添加剂标明的适用动物、最低用量、最高用量及停药期、注意事项和配伍禁忌等规定使用，不超标超限期使用。

③重视饲料添加剂的保存，防止保存不当引起的性状改变。如饲料添加剂不宜长期保存（保存期一般不超过6个月），尤其

是维生素制剂，其稳定性较差，应随购随用，不可积压；添加剂只可混于干粉料中短时间存放，不能混于加水贮存料或发酵饲料中，更不能和饲料一起加热煮沸，使用时要与饲料混匀；矿物质添加剂不能和维生素添加剂配在一起使用，以免矿物质促进维生素氧化，加速破坏维生素。

④严格控制饲料原料质量，霉变饲料、污染的饲料坚决不用。饲料霉变不仅会降低饲料的营养价值，同时霉菌的代谢产物，如黄曲霉毒素和赤霉毒素等对人和动物都有很强的致病性。

⑤慎用转基因饲料。转基因作物及其副产品将越来越多地用作饲料。但对该类饲料的长期安全性问题仍不明确，在有机畜禽产品生产中禁止使用转基因方法生产的饲料原料，表明转基因饲料可能存在一定的安全隐患。

⑥加强对饲料营养价值评定和日粮配方设计能力，保证饲料的营养均衡，防止营养不均衡、配比不合理和利用率低的饲料中未被消化的部分随着畜禽粪尿排泄，污染环境。

## 三、饮用水质量安全控制

兔场的生产过程需要大量的水，包括人、兔用水，饲料调制，笼具的清洗和消毒以及兔产品的加工。而水质好坏、安全与否直接影响兔场人、兔健康，兔场要有水质良好和水量丰富的水源，同时便于取用和进行防护，才能保证最终生产出安全、优质的兔产品。

### （一）水质安全的界定

要解决饮用水安全问题，首先要对饮用水安全进行界定。水利部、卫生部在2004年联合发布的《农村饮用水安全卫生评价指标体系》将农村饮用水安全划分为安全和基本安全，而界定饮用水安全的四个指标为：水质、水量、保证率、方便程度。这四项指标必须同时满足规定的数值要求，才能被确定为安全或者基本安全。养殖场饮用水水质必须达到如下标准（表3－17）。

表3－17 畜禽饮用水水质标准

| 项目 | | 标准值 | |
|---|---|---|---|
| | | 畜 | 禽 |
| 感官性状及一般化学指标 | 色，（°） ≤ | 30° | |
| | 浑浊度，（°） ≤ | 20° | |
| | 臭和味，≤ | 不得有异臭、异味 | |
| | 肉眼可见物， ≤ | 不得含有 | |
| | 总硬度（以 $CaCO_3$ 计），mg/L≤ | 1500 | |
| | pH 值 | 5.5～9.0 | 6.5～8.5 |
| | 溶解性总固体，mg/L≤ | 4000 | 2000 |
| | 硫酸盐（以 $SO_4^{2-}$ 计），mg/L≤ | 500 | 250 |
| 细菌学指标 | 总大肠菌群，MPN/100ml≤ | 成年畜 100，幼畜和禽 10 | |
| 毒理学指标 | 氟化物（以 $F^-$ 计），mg/L≤ | 2.0 | 2.0 |
| | 氰化物，mg/L≤ | 0.2 | 0.05 |
| | 总砷 L，mg/L≤ | 0.2 | 0.2 |
| | 总汞，mg/L≤ | 0.01 | 0.001 |
| | 铅，mg/L≤ | 0.1 | 0.1 |
| | 铬（六价），mg/L≤ | 0.1 | 0.05 |
| | 镉，mg/L≤ | 0.05 | 0.01 |
| | 硝酸盐（以 N 计），mg/L≤ | 10 | 3 |

注：摘自中国农业行业标准《无公害食品畜禽饮用水水质》（NY 5027—2008）

### （二）加强饮用水质量安全控制的主要措施

（1）保护饮用水水源　加强饮用水质量安全控制，首先要保护饮用水水源。没有干净充足的水源，不可能享有安全的饮用水。划定供水水源保护区，制订保护办法，特别是要加强对水源地周边设置排污口的管理，限制和禁止有害化肥的使用，杜绝垃圾和有害物品的堆放，防止供水水源受到污染。

（2）加强安全饮用水工程建设　对供水设施简陋且饮水不安全的地方，可以修建自来水工程，对水源受污染严重且恢复困难的已有饮水工程，更换新水源；对缺乏必要水处理设施的已有饮水工程，增加水处理设施。

(3) 加强水质定期检测建设　加强水源、出厂水和管网末梢水的水质检验和检测。

(4) 在建造水窖、水池、岩槽、配水管网等输、蓄、配水工程时　农村尽量选择树枝状的管网布置方式，管网中尽量多设置调节建筑物，尽可能利用地形建高位水池。

## 四、日常用药及消毒安全控制

随着现代生物技术的飞速发展和养殖规模的不断壮大，养殖场日常用药的品种和用量也在不断增加。由此带来的病原菌的耐药性、畜产品的药物残留等对兔和人的安全隐患也在日益加剧。日常用药安全和消毒安全必须引起足够重视以保证畜禽产品的质量安全。

### （一）日常用药安全

(1) 从正规渠道购进兽药　尽量选择质量有保证的兽药产品。

(2) 应避免长期使用易形成残留的药物　如庆大霉素及一些含铅、汞、砷、有机氯、雌激素的药物；有计划地交替、轮换或穿梭使用不同种类的药物，如抗球虫药物地克珠利和盐酸氯苯胍交替使用；不用家兔敏感或容易引起中毒的药物，如阿莫西林、马杜霉素等。

(3) 正确使用药物和生物制品　根据肉兔的发病情况，准确诊断，再确定用药的品种、剂量、疗程和给药方法，必须严格遵照说明书的使用剂量和正确的给药方法，切忌乱用药、滥用药。使用生物制品时要逐瓶检查其性状、有无破损，加稀释液摇晃后能否及时溶解等情况，并按照说明书规定的接种途径免疫。

（4）自觉遵守停药期的相关规定　在停药期内不得出售和宰杀肉兔。

（5）要妥善保管兽药，正确处理兽药残余物　一时不用的兽药要密封、遮光保存，温度不能过高，也不要放置在潮湿的环境中，以免发霉变质；使用兽药后的空瓶、注射器、包装袋等残余物不要随意丢弃，可采用焚烧、消毒液浸泡、深埋等多种方法，妥善处理。

**（二）消毒安全控制**

消毒的目的是将养殖场内的病原微生物及寄生虫定期杀灭，以控制病原微生物的生长繁殖，控制各种传染病的发生和扩散。利用化学消毒剂进行消毒，是通常使用的消毒方法之一。

（1）加强预防性消毒　养兔场应建立科学的消毒计划，定时、定期进行科学消毒，通过定期消毒，净化环境，杀灭病原。经常进出的车辆、人员及物品、用具等，要根据不同的对象选择不同的消毒药和消毒方法进行消毒。

（2）选择合适的消毒剂　消毒剂种类繁多，生产中要根据兔场的饲养规模、管理水平、环境条件等实际情况进行选择，尽量选择杀菌谱广，有高效、速效的杀灭作用；不损坏被消毒的物品；在空气中较稳定，使用浓度对人畜（禽）无害；无残留毒性；价廉，使用方便的消毒剂。

（3）科学配制消毒药　兔场技术人员在买来消毒药后，应仔细对照说明书要求及配伍禁忌，按照不同的消毒对象、所需浓度和用量，一次配制一次用完。同时注意根据不同季节调整消毒药的温度，以提高消毒效果。

（4）设计科学的消毒程序　养兔场应根据场内不同的消毒对象制订合理的消毒程序，有的对象如食槽、水槽等用具应先清洁后消毒。

## 五、日常管理及饲喂安全控制

肉兔的日常饲养管理包括饲喂、捉兔、分群，发情鉴定、打耳号、喂药以及配种等内容，是日常最普通，最频繁的工作，也是质量安全控制中最容易被忽略的环节。

### （一）饲养管理安全控制

（1）饲养环境的安全控制　肉兔的健康与兔舍环境息息相关，舍内的光照、温度、湿度、空气质量的优劣都将对肉兔的生长产生或促或抑的影响。高温、高湿或空气不良环境下肉兔呼吸道疾病和消化道疾病多发；肉兔在温度15～25℃，相对湿度60%～65%，空气质量良好的环境中生产性能最佳。饲养密度、通风透气量、粪沟清理等都会影响兔舍的小环境，实际生产中应注意改善。

（2）日常管理的安全控制　日常管理的安全控制措施主要有：捉兔时动作轻缓，不能粗暴，以免误伤兔子；适时分群，避免肉兔之间的咬斗；笼具、料槽、水槽等定期检查，清理消毒；按时接种疫苗等。

（3）繁殖过程中的安全控制　挑选健康种兔进行配种，剔除患传染病种兔，杜绝交配引起的传染病蔓延；采用人工授精方法繁殖时，要将所用器械严格消毒，采精器、输精管等每只一换，防止交叉感染。

### （二）饲喂安全控制

肉兔的饲喂要把握好饲喂量，肉兔不同个体、年龄、生理阶段对营养物质的需求是不同的，需要的饲料量也会有差异。应在实际生产中根据采食情况不断调整饲喂量，如发现个别肉兔有剩料情况，要减少其喂量，防止饲料堆积在料盒中，引起发霉变质，还要仔细查找原因，及时解决。此外，还要根据肉兔不同生理阶段合理饲喂。如仔兔开食后，食欲旺盛，不停采食，如果饲料的安全系数不高，有可能造成过食而消化不良。种兔应限制饲喂，防止过肥影响繁殖性能。

## 六、活兔出栏及运输安全控制

### （一）肉兔出栏安全控制

肉兔出栏时间取决于品种和饲养模式。一般配套系 70 ~ 77 日龄，而普通品种 80 ~ 90 日龄，体重达到 2.5kg 左右时出栏。当然，南方一些地方品种出栏日龄和体重有特殊要求，要根据市场需求而定。出栏时要对肉兔仔细检查，严格把关，防止不合格或带有传染病兔产品流入市场。

①病死兔、药物残留超标兔、使用违禁药物或添加剂的兔不得出栏。

②患病肉兔及其同群肉兔不能出栏，患有一般疾病，能够短期治愈者，可饲养一段时间，病愈后再行出栏，患有严重传染病者应坚决淘汰，绝对不能流入市场。

③严格遵守停药期制度，使用治疗性药物或药物添加剂的肉兔，必须在停药期过后再行出栏。

④出栏前由养殖企业签订“畜产品质量安全保证书”，规定违反的惩罚措施，保证畜产品质量。

### （二）运输中的安全控制

肉兔的运输主要有商品兔的出栏和种兔的引进。肉兔养殖场一般位于农牧地区，肉类加工厂和消费市场则多集中在城市或郊区，运输不可避免，而种兔引进时更是常常需要跨区域运输。根据季节、路程、地理位置以及交通条件等情况，运输方式和运输路线都会有所不同。但最终目的都是将兔只安全运抵，尽量减少掉膘，降低应激反应，避免途中染病或死亡。所以，运输途中的安全控制不能忽视。

①运输车辆、笼具必须经过严格、彻底的消毒。

②根据当地气候、路途布置车厢，或选择高帮篷车或搭凉棚。注意运输途中的环境控制，保证通风换气和温度调节。

③每车装载数量根据车厢载重、天气温度、行程长短等适当掌握，既不能密度过大影响动物安全，又要考虑运输成本，充分挖掘运输潜力。

④长途运输肉兔疲惫恐惧可能出现应激，免疫力降低等情况，应精心管理，合理饲喂。补充足够的饮水，并添加维生素C和电解多维葡萄糖等抗应激物质，以免暴发大规模传染病。

⑤运输前认真考察运输路线，绕过疫病区。

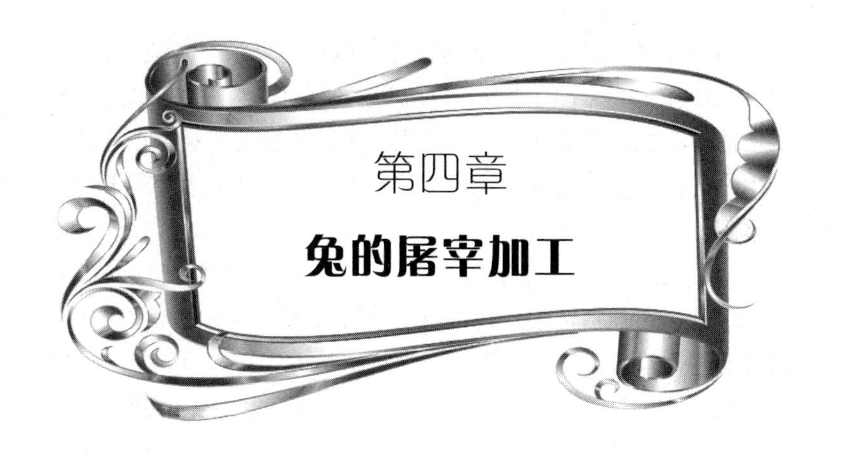


## 第一节　屠宰场的建设及环境控制

### 一、屠宰场设计建设

屠宰场是通过屠宰加工动物为人类提供肉制品及其副产品的场所，其建设的好坏不仅与肉品质和卫生状况关系密切，还对周围环境有很大影响。因此，屠宰场建设是屠宰检疫规范管理的硬件，是提高肉品卫生质量的先决条件。屠宰场在选址和布局建设时，一定要考虑生产规模、投资经费、配套设施完善程度以及投产后能否正常生产等因素。按照方便群众、利于生产和流通，遵循国家现行规定，经过当地城市规划委员会，土地、卫生、畜牧、商务等部门的批准。内部的布局设施符合卫生原则的要求。

#### （一）场址选择

屠宰场建设前必须对场址的选择进行反复论证，既符合城市、乡镇建设发展规划，又要满足国家、省（自治区、直辖市）和当地政府的环境保护、卫生和防疫等诸多要求。

(1) 地势和面积　屠宰场应选在地势高燥，空气流动畅通，地下水位在 2m 以下的地方，以减少病原微生物滋生和聚集。屠宰场面积根据经营方式、生产规模、集约化程度而定。在保证顺利生产的前提下，既要节约成本，减少投资，又要为今后发展保留空间。

(2) 充足供水　屠宰场用水量大，除肉兔胴体清理时需大量用水外，还包括清洁、消毒以及生活用水等。所以在建设屠宰场时必须保证有足够的水源，并保持清洁卫生，水质要符合国家规定的《生活饮用水标准》，以保证兔产品卫生和食品安全。

(3) 远离生活区　屠宰场不得建在居民稠密的住宅区、学校、医院及其他公共场所附近，尽量避免位于居民区的上游和上风向或者是下游和下风向，以免污染和被污染。距离饮用水源地、养殖场、动物集贸市场 500m 以上，种畜禽场、动物隔离场所、无害化处理场所 3000m 以上。经当地城市规划、卫生部门批准，可建在城镇适当地点。

(4) 远离污染　屠宰场应避开有害气体、灰沙及其他污染源污染肉品，周围不应有垃圾场、废渣场、粪渣场以及蚊蝇滋生的场所。

(5) 交通便利　尽量选择交通运输方便、货源流向合理的地方，要相对靠近公路、铁路或码头，但不能设在交通主干道上。动力电源供应稳定可靠，保证屠宰、储存等工作的顺利进行，并有备用电源。

(6) 屠宰加工厂场附近应有粪便和胃肠内容物发酵处理的场所　未经处理的粪便不得运出厂外作肥料。

**(二) 场区整体规划**

(1) 场区分区布局　屠宰场根据生产和公共卫生需要，可划分为 5 个区域。分别是待宰区、生产加工区、卫生隔离区、行政办公区以及动力区。

①待宰区　肉兔卸载后实施检验检疫，屠宰前饲养、休息的区域。

②生产加工区　包括屠宰间、胴体整修晾挂间、分割间、副产品整修间、包装加工车间以及综合利用车间等。

③卫生隔离区　该区设有病畜隔离区、急宰车间、无害化处理间以及污水处理车间等。

④行政办公区　该区为屠宰场的行政区，设有办公室、宿舍、食堂等。

⑤动力区　包括锅炉房、压缩机车间、供电间、供水间、制冷间、供暖间等。

（2）场区规划　屠宰场各个车间和建筑物的配置要符合科学管理、方便生产和清洁卫生的原则，既要互相连贯，又要做到病健隔离，防止原料、产品、副产品和废弃物的转运造成交叉污染甚至传播疫病。

①屠宰场周围建设围墙，与场外隔绝，场内各个区域应该有明显的分区标志，尤其待宰区、屠宰加工区和卫生隔离区，要有围栏或绿化带分隔，专用通道相连。

②场区设入口和出口，用于动物进入和产品运出。分别设有与门同宽、长度超过大型载重汽车车轮 2 倍周长的消毒池，池内盛放有效消毒液。

③场区内道路硬化，平坦，不得有积水和废弃物堆积。加强绿化，不裸露土地，防止尘土飞扬。

④场区各建筑间距符合消防、防疫以及卫生要求。无害化处理间、锅炉房、贮煤场所、污水及污物处理设施应与屠宰、分割、肉制品加工车间和成品贮存库相隔 25m 以上的距离。

⑤生产区各车间的布局必须满足生产工艺流程和卫生要求。

健畜舍和病畜舍必须严格分开。原料、半成品、成品等加工应避免迂回运输，防止交叉污染。

⑥生产区与生活区应分开设置。场区内不得兼营、生产、存放有碍食品卫生的其他产品。

**（三）主要车间建筑布局**

屠宰场各个分区是由不同的车间构成，每个车间又有不同的加工区，应根据加工流程进行合理设置，明确划分，保证符合工艺、卫生及检验检疫要求。

（1）待宰区　肉兔卸载、验收、检疫以及休息的地方。区域面积一般根据每日的屠宰量合理规划；建筑坚固，通风良好，光照充足；地面应采用不渗透材质铺设，一般为混凝土地面，坡度在2.5%左右，并坡向排水沟，保证排水良好；墙砖采用不渗水，易清洗材料制作；排水良好。设饮水槽，并有足够的清洗用水源及龙头。

（2）屠宰间　是屠宰场的核心工作间，其卫生状况直接影响到兔肉产品的品质。包括致昏放血区、剥皮区、胴体加工区、副产品加工区、宰后检疫区等。屠宰车间内致昏、剥皮及副产品加工等工序属于非清洁区，而胴体加工、心肝肺加工工序及暂存发货间属于清洁区，在布置车间建筑平面时，应使两区划分明确，不得交叉。具体要求如下。

①建筑要求。车间以单层建筑为宜，采用较大跨度，高度不低于4.5m；地面墙角呈圆弧形，不留死角，离地面2m范围内铺磨光的水泥或瓷砖；地面采用防滑地砖，并略带坡度，便于污水流出；窗户面积适中，保证车间内有足够采光又不刺眼，一般窗户与地面面积为（1：6）～（1：4）；以自然光照为宜，避免阳光直射，光线自然柔和，不刺眼，必须补充人工照明时，尽量选用日光灯，不使用有色灯和高压水银灯，以免影响肉色分辨和

肉品检验；放血槽不漏水、耐腐蚀、表面光滑易清洗。

②内部设计。屠宰车间的传送装置采用架空轨道，下边设金属槽，承接血污或脏水，另设与架空轨道相连的备用轨道，用于屠宰过程中的病兔的分离；轨道旁边设传送带，盛放内脏和头等副产品；屠宰间内各个区域通过架空轨道和传送带连接；车间内预留冷、热水龙头，以清洗屠宰工具和油污，并建造下水道系统，及时清理屠宰废水。

（3）分割间　分割间是将屠宰冷却后的胴体，进行去骨和提出不宜食用组织，然后按部位进行分割、整理的车间。包括分割原料（胴体）冷却区、分割剔骨区、分割副产品暂存区、磨刀清洗区等。

①分割车间的一端紧连屠宰车间，一端紧连冷库。便于原料的进入和分割后肉产品的冷冻。

②车间为封闭式建筑，走廊和车间设玻璃墙，分割剔骨间、包装间宜设吊顶，室内净高不宜低于3m。

③车间门为铝合金弹簧门，操作台、工作椅、托盘等使用不锈钢材质，有制冷设备，保证车间内温度10～15℃。

④有冷热水洗手装置，脚踏式或感应式水龙头开关。

⑤室内良好的照明设备，并配备防护罩。

（4）病畜隔离区　在宰前检疫中发现的病兔要迅速转入病畜隔离区进行观察。该区对建筑的防疫要求较高。该车间严格隔离，只与急宰间保持有限联系。一切水槽、料槽、粪便运输工具等用具专用。方便清洗消毒，设专门的粪便处理池，经消毒后再排入粪尿沟。靠近待宰区和急宰间，便于转群。

（5）急宰车间　屠宰急宰病兔的场所，和隔离区共同构成了卫生隔离区的主体。急宰间要求墙面、地面不透水，便于清洗消毒，出入口设消毒池，设有专门的粪便处理池、污水池，污水进入公共下水道前，必须严格消毒。

（6）无害化处理间　主要包括销毁、化制和高温处理等措施，需要的主要设备有湿化机、焚化炉、干化机以及高压灭菌锅等。

## 二、屠宰场环境设施

针对屠宰场的环境控制，有必要进行设施建设。如屠宰场场区内路面硬化，要求平坦，无积水，道路两旁进行绿化，以吸收粉尘和消除噪音；设立垃圾、畜粪、废弃物的集存处理场所，运送垃圾等废弃物的车辆必须密封，防止运输过程中病菌扩散或臭味蔓延，且配备专用的清洁消毒设施及存放场所；车间外厕所采用水冲式的，且应有防蝇设施等措施都能对屠宰场的环境控制有所帮助。而值得我们注意的是，屠宰场最大的污染源是污水，进行污水处理设施建设意义重大。

屠宰场运行过程中，会产生大量废水，主要有生产废水和生活废水，屠宰废水来自屠宰前的冲洗水、屠宰后肉和内脏的清洗水和屠宰设备及车间地面冲洗水。废水外观呈暗红色，具有腥臭味。其中混杂大量的血污、毛发、油脂、粪便、油块、肉屑、内脏杂物、食物残渣和粪便等污染物。屠宰场应参照《肉类加工工业水污染排放标准》以及《污水综合排放标准》，采取有效措施，进行污水处理。

下面介绍一种实用的污水处理系统（图4－1）。

①屠宰废水经集水井收集后，由人工格栅拦截毛发、肉块等较大悬浮物，再通过机械格栅拦截细小的悬浮物。拦截的悬浮物需人工定期清掏。

②初步净化的废水由泵提升进入初沉池，废水在初沉池中主要对粪渣、重的悬浮颗粒杂质进行沉淀去除，避免造成后续处理

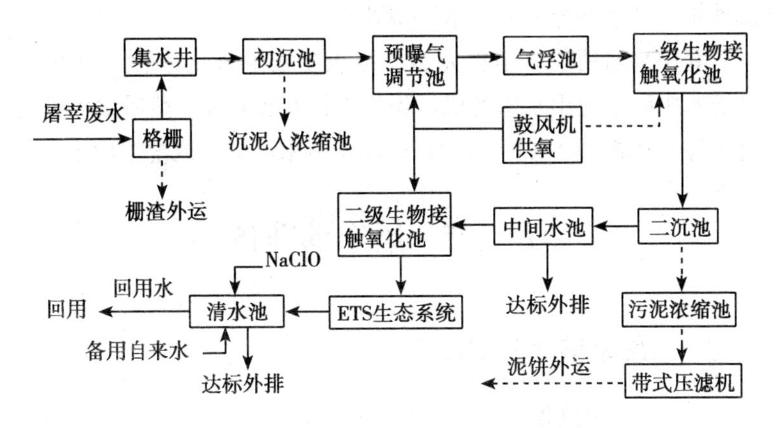


**图 4－1　废水及中水处理工艺流程图**

设施发生堵塞等问题。

③预曝气调节池，一方面，起到调节水量和水质，确保废水处理系统稳定、连续运行的作用；另一方面，在池内设曝气措施，形成好氧环境，起到避免废水散发臭味和产生沉淀的作用。

④经预曝气调节池调节的废水，由潜污泵抽提进入气浮池，对废水中的油脂、悬浮物等进一步进行大幅度地分离去除，从而有效降低后续生话处理工艺的有机负荷，提高整个系统的处理效率。

⑤气浮出水自流进入生物接触氧化池。在接触氧化池中主要存在好氧微生物及自氧型细菌（硝化菌），可将有机物分解成 $CO_2$ 和 $H_2O$。

⑥生物接触氧化池出水进入二沉池，进行脱落生物膜污泥与清水分离，实现出水达标排放的目的。沉泥由阀门控制从二沉池泥斗自流进入污泥井，然后由污泥泵打入污泥池或化粪池，在必要时还可将部分污泥回流至生物接触氧化池。

⑦二沉池出水进入中间水池，处理达标水全部在中间水池溢

流外排，其余部分进入中水回用处理系统。

⑧中水回用系统中首先由二级生物接触氧化池和 ETS 生态系统对中间水池出水中有机污染物进行彻底降解，然后出水进入清水池，经投加 NaClO 消毒后回用于屠宰厂绿化或洗车用水。

## 第二节　屠宰前准备

### 一、屠宰前兔只的准备

#### （一）卸载验收

进入屠宰场的肉兔卸载时必须经过验收，要了解产地的疫情情况，检查健康体况，合格的候宰兔，称重后转入饲养场进行宰前饲养，病兔或疑似病兔应转入隔离舍饲养，按《肉品卫生检验试行规程》中的有关规定进行处理。

#### （二）休息

肉兔经过长途运输，抵抗力下降，细菌趁机侵入，肉中细菌含量增加，机体的生理代谢功能发生紊乱，体内蓄积过多的代谢产物不能及时排除，都会对肉品质产生不良影响。过度紧张、恐惧等会使肌肉中的糖原大量消耗，影响宰后肉的成熟，血液循环加速，肌肉组织中的毛细血管充血，容易造成放血不彻底，影响肉品质。作好宰前休息管理，限制肉兔的运动，以保证休息，解除疲劳，可有效改善肉品质，一般宰前休息 24 ~48h 即可。

#### （三）停食饮水

确定屠宰的兔子，应在宰前 12h 断食，充分饮水，宰前 2 ~ 4h 应停止供水。

①饲料从进入胃内到消化吸收需要一段时间，宰前停食可节省饲料，降低成本，保持临宰兔的安静休息，有助于屠宰放血。

②有利于减少消化道中的内容物，便于开膛和内脏整理工作，可防止加工过程中胃肠内容物污染胴体。

③轻度饥饿可促使肝脏中的糖原分解为葡萄糖和乳糖，并通过血液循环均匀分布于机体各部，使肌肉中的含糖量增加，这样有利于肉的成熟。

④有助于体内的硬脂酸和高级脂肪酸分解为可溶性低级脂肪酸，均匀分布于肌肉各部，使肉质肥嫩、肉味增加。

⑤宰前充足饮水，可以保证临宰兔的正常生理机能活动，促使粪便排出，血液浓度变淡，放血完全。

⑥充足饮水还有利于剥皮和提高屠宰产品的质量。但为避免倒挂放血时胃内容物从食道流出，应在宰前 2 ~ 4h 停水。

## 二、屠宰前工作人员

屠宰场的工作人员，尤其直接或间接与肉品接触的人员，应定期进行肉品卫生知识培训和指导，以达到职责范围内的肉品卫生标准要求。上岗前，应持有县级以上防疫站发放的健康证。在岗人员每年进行一次体检，及时发现身体状况异常者。如出现异常，应及时调离宰杀岗位。进场屠宰前要按照规定进行严格消毒和周密的前期准备。

（1）更衣　屠宰人员在进入屠宰间前要根据工种的特点，穿戴好清洁卫生的工作衣帽。使用电动工具的人员，要按照操作规程和安全制度，穿戴好防护服装和手套。工作衣帽统一存放，和个人服装分开存放。

（2）洗手消毒　更衣后进行彻底的洗手消毒。

①洗手程序为清水冲洗→洗涤剂洗→清水冲洗→50 ~ 100mg/L 次氯酸钠溶液泡 10s→烘干→75% 医用酒精消毒。

②洗手部位顺序为手腕→手背→手掌→手指→手指尖。

③洗手要求：进生产区前和每次重新上岗前必须严格清洗，生产过程中40min进行一次洗手消毒，手接触病兔或受感染的兔肉后必须洗手消毒，便后要洗手消毒。洗手设施最好能有效地杜绝二次污染。

（3）做好宰前准备　各工种需要的刀具，应在屠宰前预先磨好，清洗消毒整齐摆放。

## 第三节　屠宰

### （一）致晕

击晕的目的在于使家兔暂时失去知觉，处于昏迷状态，减少或消除屠宰时家兔的挣扎，以便操作。有利于提高劳动效率，保证人员安全。目前我国各兔肉加工厂采用的方法不尽相同。大致有以下几种。

（1）棒击法　一手将兔的两耳提起，使兔体直立悬空，在兔不再挣扎后，用圆木棒猛击其后脑，待家兔昏迷时立即放血。此种方法方便，快捷，容易掌握，但被击中的头部有淤血，影响兔头的深加工质量。

（2）电击法　又叫电麻法，利用电击设备，使电流通过兔体，即可迅速麻醉其中枢神经，而引起晕厥。此法还能刺激家兔心脏活动，使其心搏升高，便于放血。兔用电麻器形如长柄钳子，钳端附有海绵体，电压70V，电流0.75A，一般通电时间2～4s。使用时先蘸5%的盐水，然后插入家兔两耳后部，家兔触电后昏倒，即可宰杀。目前各地使用较多的还有：手握式电麻器、电麻转盘、光电自动电麻机等。

（3）颈部移位法　固定兔的后腿和头部，使兔身尽量延长，然后突然用力一拉，这样兔的头部弯向后方，从而使颈部移位致死，然后迅速放血。此法对体型较小肉兔成功率较高，大型兔操作较困难。

(4) 注射空气法　在家兔的耳缘静脉注射一管空气，使之发生血液栓塞而死，迅速放血。这种方法操作复杂，放血不净，易使肉质变性，不宜采用。

此外，现代化的兔肉加工厂中，宰兔开始采用机械割头。这种方法可以减轻劳动强度，提高工效，防止兔毛飞扬，兔血飞溅。多为机械化程度较高的兔肉加工厂所采用。

**(二) 放血**

肉兔致晕后，不能直接剥皮屠宰，必须立即放血。因为肉尸的放血程度，对肉品质和储藏起着决定性的作用。放血充分，肉质细嫩柔软，含水量少，保存时间长。放血不彻底，就会使肉中含水分多，色泽不美观，胴体内残余的血液易导致细菌繁殖，影响贮存时间。

具体做法是，剪开肉兔颈部皮肤，迅速剪断颈动脉，血流会呈柱状留下。一般放血时间不少于2min，以保证放血彻底。放血不净往往是因为放血不彻底或致晕后放血不迅速，血液温度下降，而导致凝血。

**(三) 剥皮**

将放血后的兔体右后肢跗关节卡入吊轨挂钩，为防止兔毛飞扬，污染车间或产品，要用清水淋湿兔体，但不要淋湿挂钩和吊挂的兔爪，以防污液下流，污染肉体。

屠宰时，将左右后肢跗关节处皮肤环切，从左后肢跗关节处平行挑开，绕过尾根至右后肢跗关节处，注意不要挑破腿部肌肉。两手紧握腹背皮肤，向下拉至根部，将皮外翻。将外翻兔皮继续往下拉，直至全部脱出。用力不要太猛，以防止撕破腹部肌肉，消化道外漏。

整个剥皮过程要做到手不沾肉，肉不沾毛。接触毛皮的手和工具，未经消毒或冲洗，不得接触肉体。

**（四）去头、四肢**

剥皮后，从第一颈椎处去头，从腕关节稍上方 1cm 处截断前肢，跗关节处截断左后肢。

**（五）开膛及净膛**

先用利刀切开耻骨联合处，分离出泌尿生殖器官和直肠，然后沿腹中线剪开腹部皮肤，可以先剪一个小口，左手食指和中指伸进去，支撑起腹部皮肤再剪，以免剪破肠道，污染肉体。用手将胸、腹腔脏器一齐掏出，但不得脱离肉体。经过检查再将脏器去掉，肝、肾、肺、心脏、肠、胃、胆等分别处理和保存。脏器出腔时，注意防止划破胃肠和胆囊。

**（六）修整**

修整的目的是为了除去胴体上能使微生物繁殖、污染的淤血、残脂、污秽等，达到洁净、完整和美观的商品要求。修净体表和腹腔内表层脂肪和其他残留物；修除残余的内脏、生殖器官、耻骨附近（肛门周围）的腺体、结缔组织和外伤；后腿内侧肌肉的大血管不得剪断，应从骨盆腔处挤出血液。保证胴体整洁卫生，符合商品要求。

**（七）清污**

用高压自来水喷淋肉体，冲去血污和浮毛，尤其洗涮净血脖。也可先用刷颈机擦净颈血，然后用真空泵吸除体腔内残留血水，再用高压自来水喷淋肉体，冲净血污，转入冷风道沥水冷却。

# 第四节　宰后检验

宰后检验是肉品卫生检验工作中最重要的环节，宰前检验仅能发现有较明显的临床症状或有体温反应的病兔，而宰后检验是通过检验人员的感官和剖检，直接检验兔的内脏、肉体和有关淋巴结，发现有无病理变化及异常现象，是宰前检验的继续和补充。对于处在潜伏期或临床症状不明显的早期患病肉兔来说，宰后检验更为必要。宰后检验对判定兔肉产品的卫生质量和经济价值，按照国家法律法规对兔肉产品作出卫生评价，从而保证人们食肉安全，控制畜、禽疫病的传播，具有重要意义。

## 一、宰后检验的基本方法和要求

宰后检验的基本方法主要有视检、剖检、触检和嗅检。

（1）视检　以肉眼观察肉体的皮肤、肌肉、脂肪、骨骼、关节、胸腹膜等，以及内脏的形态、大小、色泽。根据视检的要求，再进一步做剖检。

（2）剖检　借助检验刀和检验钩剖开，观察肉体或内脏的隐蔽部分及深层组织的变化。

（3）触检　用手直接触摸肉体、脏器的受检部位，判定其黏度、弹性和软硬程度等。

（4）嗅检　用嗅觉来判断受检肉体有无异常气味，脏器有无特殊气味等。

## 二、程序和要点

**兔的宰后检验主要分为内脏检验和肉尸检验**

（1）内脏检验以肉眼检查为主　为便于固定和翻转内脏，

避免检验人员直接接触，可用长犬齿镊和小型剪刀进行工作。

肺：注意肺及气管有无炎症、水肿、出血、化脓或小结节。

心脏：看心脏外膜有无出血点、心肌有无变性等。

肝脏，注意其硬度、色泽、大小、肝组织有无白色或淡黄色的小结节。肝导管及胆囊有无发炎及肿大，必要时剪割肝、胆管，用剪刀背压出其内容物，以便发现肝片吸虫及球虫卵囊(患肝球虫病的肝管内容物用挤压法挤出后置于低倍显微镜下观察，可以检出卵囊)。

胃、肠：检查其浆膜上有无炎症、出血、脓肿等病变。

脾脏：视其大小、色泽、硬度，注意有无出血、充血、肿大和小结节等病变。

肾脏：有无充血、出血、炎症、变性、脓肿及结节等病变。

(2) 肉尸检验，放在整个检验的最后一个环节　为保证兔肉的产品质量，在肉尸检验过程中，必须做到细心观察，逐个检验。一般分为初检和复检。

①初检。肉尸检查时，用检验钩进行固定，主要检查肉尸的体表和胸、腹腔炎症，并注意有无寄生虫。检查前肢和后肢内侧有无创伤、脓肿，然后将肉尸转向背面，观察各部位有无出血、炎症、创伤及脓肿。同时也必须注意观察肌肉颜色，正常的肌肉为淡粉红色，深红色或暗红色则属放血不完全或者是老龄兔。

②复检。主要对初检后的肉尸进行复查工作，这一环节是卫生检验的最后一关，一般在分割包装前进行。在操作过程中，要特别注意检验工作的消毒，严防污染。

## 三、宰后检疫处理

检疫完毕，再进行复检，确认无漏检或错判，严格按照国家有关规定，对合格的兔肉产品加盖验讫印章给予准入市场销售，对病变的兔肉产品及不合格的兔肉加盖销毁印戳，禁止出售，并进行无害化处理。同时做好待宰间、急宰间、屠宰间以及肉兔屠宰设备和运输工具的彻底清扫、冲洗和消毒，保证干净卫生的兔肉产品上市。

## 第五节　胴体冷却排酸

刚屠宰完的胴体温度一般在37℃左右，而胴体本身具有“后熟”作用，即在肝糖分解时还会产生一定的热量，使胴体温度处于上升趋势。屠宰间温度较高的情况下，胴体温度能够达到40℃。如果在室温条件下放置时间过久，微生物（细菌）迅速生长、繁殖，会使兔肉腐败变质。因此，必须使兔胴体温度在一定温度范围内迅速下降，以便在极短的时间内使酶和微生物的活动能力减弱到最低限度。预冷可以迅速排除胴体内部的热量，降低胴体深层的温度并在胴体表面形成一层干燥膜，阻止微生物的生长和繁殖，延长兔肉保存时间，减缓胴体内部的水分蒸发。

### 一、冷却排酸

胴体的冷却排酸就是肉兔屠宰后立即送入冷却间，适宜的条件下胴体温度在24h内降至0～4℃。此过程中，胴体肉质内部会发生一系列的理化变化，相继出现僵直、解僵软化的过程，肉中的乳酸成分分解为二氧化碳、水和酒精，然后挥发掉，糖原也已基本消耗完毕，加之糖酵解酶钝化，也不能再生成乳酸。同时细胞内的大分子三磷酸腺苷在酶的作用下分解为鲜味物质基苷1MP（味精的主要成分），在工业上称为肉的排酸。排酸后的肉的口感得到了极大改善，味道鲜嫩，肉的酸碱度被改变，新陈代谢产物被最大限度地分解和排出，从而达到无害化，同时改变了肉的分子结构，有利于人体的吸收和消化。

## 二、冷却参数

目前兔肉的冷却主要采用空气冷却，即通过各种类型的冷却设备，使室内环境保持在一定范围内，冷却时间除决定于冷却室内的温度、湿度、空气的流速之外，还与胴体的大小、肥度、数量以及冷却肉的初温等有关。兔肉冷却的条件主要是冷却间温度、相对湿度和空气的流速。

（1）冷却间温度　刚屠宰后的兔胴体，开始阶段导出热量最大，应在一定温度范围内尽快降低肉温，这对保证肉的质量、延长肉的保藏期有重要的作用。冷却室在未进货之前温度降低至 -4～-2℃，放入刚屠宰的胴体后，舍内温度不会太大变化，兔肉冷却终温通常以0℃左右为好。

（2）冷却间的相对湿度　冷却间的空气湿度不仅是助长微生物繁殖和生长的重要因素，而且也是影响冷却兔肉干耗的重要因素。空气的相对湿度越大，微生物的活动能力就越强，越不利于肉表面形成油干样保护膜。但从降低兔胴体水分蒸发，减少干耗来说，湿度大是有利的。相对湿度在不同阶段有不同要求。冷却初期阶段介质和兔肉体之间的温差较大，冷却速度快，表面水分蒸发量在开始初期的1l/4 时间内，以维持相对湿度在 95% 以上为宜，不但可减少水分的蒸发，而且由于时间较短，微生物也不会大量繁殖。在后期阶段占总时间的 3/4 时间内，以维持相对湿度在 90% ~95% 为宜，临近结束时在 90% 左右。这样既能保证肉类表面形成油干样保护膜，又不致产生严重的干耗。

（3）空气的流动速度　空气的流动速度是影响干耗和冷却时间的重要因素。空气是热的不良导体，兔肉在空气中冷却速度最慢，只有增加空气流动速度才能加快冷却。但过强的空气流速会显著增加兔肉表面的干耗。因此，在冷却过程中，空气的流动速度以不超过2m/s为宜，一般采用0.5m/s，或每小时换10～15个冷库容积。

冷却保存是肉及肉制品保存方法中最常用的一种，它是将兔肉冷却到0℃左右进行贮藏，这样的温度能有效地抑制微生物的生长和繁殖，因而能使肉品得以短期保存。由于冷却保存耗能少、设备简单、投资较低，适宜于保存在短期内加工的兔肉和不宜进行冻藏的兔肉制品。

## 第六节 分 割

兔肉的分割是参照不同国家、地区的标准，根据兔肉胴体不同部位肉块的质量等级或对兔肉进行后续加工（烤、卤、熏等）要求，将兔肉胴体分割为若干小块，据此来评定价格及进行不同的加工。分割肉则是指按分割标准及不同部位肉的组织结构分割成的不同规格的肉块，经冷却、包装后的加工肉。

分割肉的优点显而易见，首先，干损耗小，分割肉形状规整，加工时堆码整齐、相应减少了与空气接触的面积，水分蒸发量减少，在冷藏条件下，冻结分割肉比白条肉的干损减少50%；其次，冷加工过程中不会暴露在空气中，微生物和尘埃的污染机会减少很多，同时也不会因为人员的出入而造成再污染；再次，贮藏时间能延长，分割加工良好的分割肉，在－18℃环境中可贮存一年；而且提高冷藏库的单位容积载重量，冻白条在冷藏间堆垛密度为400kg/$m^3$左右，而分割肉的堆垛密度可达到650～800kg/$m^3$，提高冷藏能力50%。

一般肉兔胴体分割为头、颈、前腿、肋、后腿、背脊、肚腩等。在生产实践中分割的好坏，直接影响利润的获取。所以也可根据市场反馈信息为依据进行预测，按市场需求的质量标准，进行兔肉胴体的分割。

根据成品加工的需求，有时需对分割的兔肉进行剔骨和整理。即剔去兔肉胴体中全部硬骨和软骨，剔骨时应尽量保持肉的完整性，下刀要准确，避免碎肉及碎骨碴，剔骨时要沿骨缝进刀，尽量降低骨上所带的肉量。剔骨以后的原料应进行整理。即修除对产品质量有不良影响的瘀血、伤肉、黑色素肉，割除粗血管及全部淋巴结，并检查遗留碎骨及清除表面污物等。整理以后的净兔肉按产品要求切块、切条或切片以进行后工序加工。

## 第七节　包　装

随着人们消费水平的不断提高，对于肉品的包装要求也越来越高。包装不仅是外观的需求，它对于保持肉品质也具有重要作用。常温下，肉的保鲜期仅为半天，冷藏鲜肉为 2～3d，充气包装冷鲜肉 14d，真空包装生鲜肉能够达到 30d。

包装须在低温环境中进行，保证兔肉的冷却温度。无论采取何种包装形式，兔肉都要先进行初步包装。带骨兔肉包装时，应两前肢尖端插入腹腔，以两侧腹肌覆盖；两后肢须弯曲使形态美观，以兔背向外，用无毒塑料薄膜将每只带骨兔包卷一圈半。去骨兔肉则要求肉舒展，整齐。

**（一）鲜肉包装**

分割鲜肉包装材料要透明，便于消费者看清肉的本色；透水率低，能够防止鲜肉表面水分散失，肉质收缩，颜色变暗；透氧率高，利于保持氧合肌红蛋白的鲜红颜色，但不易控制微生物的繁殖。

**（二）真空包装**

真空包装通过将袋内的空气抽出，降低氧含量，从而有效抑制好氧菌的生产繁殖，还能防止肉表面因脱水而发干。包装前的加工环境和包装后的处理对肉保存期有较大影响。一般在0～4℃环境下可保存30d。

**（三）充气包装**

充气包装是用高阻隔性的包装材料将肉封闭于一个充入了混合气体［$O_2$：$CO_2$＝（60～85）：（40～15）］的包装中。包装前的卫生指标，包装肉贮存的环境，混合气体的比例以及包装材料的阻隔性和封口质量都会影响到保鲜效果。

**（四）冷冻肉包装**

带骨兔包装按初步包装方法进行包装后，头尾交叉排列整齐，尾部紧贴箱壁，头部与箱壁间留有一定空隙，以利于透风、降温。分割兔肉则先按重量分堆，整块的平摊，零碎的夹在中间，然后用塑料包装袋卷紧。

包装材料宜选用可封性复合材料，如聚酯薄膜、聚乙烯、铝箔、玻璃纸等。

## 第八节　贮　存

肉营养丰富，但也是微生物繁殖的适宜场所，控制不当很容易被外界污染而腐败变质，因而选择合适的贮存方式显得尤为重要。肉的贮存方式很多，如冷却、冷冻、腌制等。原理都是通过抑制或杀死微生物或钝化酶活性而达到长期保鲜的目的。

**（一）冷藏**

冷藏是预冷后的兔肉在0～4℃环境中进行贮藏的方法，它的运用在较低温度下抑制微生物繁殖，有利于保持兔肉的外观、风味和营养价值。一般经过冷却排酸的兔肉，直接保存于排酸库中，或与之相连的冷藏间中，达到短期贮藏的目的。贮藏期一般为7d，应用于兔肉加工中，能延长供应时间及缓和兔肉加工的高峰，因而这是兔肉加工中必不可少的一种方法。

**（二）冷冻保存**

冷冻保藏方式能够减少干耗，防止污染，提高冷库的冷藏能力，延长贮藏期及便于运输等，是当下最为经济的储存方式，但随着贮存时间的延长，口味会逐渐下降。

具体做法是：0～4℃预冷24h的胴体，使用纸箱或聚乙烯塑料包装好后送入冻结间，在-25～-18℃环境下冻结70h，使肉温达到-15℃以下。最后送冷藏库冷藏，库温保持在-23～-18℃，相对湿度为90%～95%，使空气自然循环。

## 第九节　屠宰过程质量安全控制

### 一、待宰兔只安全检疫

动物检疫是一项强制性工作，是保证畜产品质量安全、切断动物疫病传播、保障人畜健康的必要手段。宰前除了查验《动物产地检疫合格证明》外，还要由屠宰场的检疫人员再次对待宰肉兔进行彻底检查。宰前检查能够防止患严重传染病的家兔混入待屠宰之列，防止患有传染病的兔的肉、皮毛、粪便等污染健康家兔，确保肉兔处于健康状态，保证兔肉卫生。

**（一）检疫方法**

宰前检验不同于病兔的临床诊断，前者要求在很短的时间内从肉兔群中挑拣出患病兔。实践中通常采取群体检查和个体检查相结合的方法进行检验。

①群体检查是按照肉兔品种、入场批次、产地分批进行检查，主要观察兔群自然状态下起卧行走，有无喘息或咳嗽声，进食情况等。针对群体检查中发现的疑似病兔再进行较为详细的个体临床检查。即使整个兔群在群体检查时未发现病患兔，也要抽检10%进行个体检查。

②个体临床检查主要有看、听、摸、检4种方法。

看，就是观察病畜表现，如精神状态、被毛、行动姿态、呼吸、排泄物等。健康兔精神活泼，身体强壮，眼睛圆而明亮，眼角干燥，无分泌物；被毛整齐、光亮；行动稳健；鼻翼扇动均匀，无呼吸困难；排泄的粪球呈豌豆大小的圆粒，整齐，无便秘或腹泻现象。

听，安静状态下直接用耳听或使用听诊器听取肉兔发出的声音。如有无异常叫声，有无喘息或咳嗽声，有无呼吸音。尤其咳嗽是呼吸道和肺发生炎症时的一种症状，必须引起注意。

摸，用手触摸肉兔身体，检查有无肿块或结节，葡萄球菌病容易引发伤口破溃出现肿块。

检，主要检查疑似病兔的脉搏、体温、呼吸等。安静情况下健康家兔脉搏80～90次/min，体温38～39℃，呼吸20～40次/min。此外，对于疑似患某种传染病或寄生虫病的肉兔，必要时还要进行实验室检查。根据初步判断进行血、粪、尿等常规检查。

### （二）检后处理

经过宰前检验后，根据检验结果对肉兔分别采取准宰、急宰、缓宰以及禁宰的处理措施。

（1）准宰　经检查确认健康无病，符合《中华人民共和国动物防疫法》规定的肉兔，按照正常屠宰程序进行屠宰。

（2）急宰　发现受伤或患有无害肉质卫生的疾病，有迅速死亡危险的需进行急宰。如骨折、肠道传染病、乳房炎等。急宰设有独立的急宰间，专用的急宰工具，严格消毒。如无急宰间而在普通屠宰间进行宰杀时，事后要将车间和设备彻底消毒。

（3）缓宰　经检查确认有一般性传染病或其他疾病，有治愈希望者，或有传染病嫌疑而未经诊断确实者，可以缓宰，但须单独隔离。实践中，根据屠宰场的隔离条件、设施以及经济成本灵活把握。

（4）禁宰　确诊患有恶性传染病，对肉品质有严重影响或对人、畜有严重传染性者，不准屠宰，应立即扑杀焚烧。

## 二、屠宰设施条件及用水安全控制

### （一）屠宰设施条件

①屠宰加工车间按照生产工艺的先后次序和产品特点，将原料处理、半成品加工、工器具的清洗消毒、成品包装、成品检验和贮存等区域分开设置，工艺布局应做到脏、净分开，流程合理，以免交叉污染。

②屠宰间内架设吊轨，击晕后动物的剥皮、开膛、修整应尽可能地悬挂进行，并避免使悬挂的动物接触地面。既便于运输，减轻劳动强度，又能有效防止污染。

③有温度要求的工序或区域应安装温度显示装置，车间温度应按照产品工艺要求，控制在规定的范围内。预冷设施温度控制在0～4℃；腌制间温度控制在0～4℃；分割间、肉制品加工间温度不能超过12℃；冻结间温度不高于－28℃；冷藏库温度不高于－18℃。

④车间内的设备、工具和容器应采用无毒、耐腐蚀、不生锈、表面平滑无凹坑和缝隙、易清洗消毒的材料制作。并在生产线的适当位置配备带有82℃热水的刀具消毒设施。

⑤车间应配有能使胃肠内容物和废水以封闭方式排入排水系统的装置。安装通风装置，以防止、消除异味和气雾。

⑥更衣室、卫生间设在车间入口处，门、窗不得直接开向车间，卫生间内应设置排气通风设施和防蝇、防虫设施，设置热水洗手设施及消毒、干手设施。消毒液浓度应具有有效的消毒效果。洗手水龙头应为非手动开关。洗手设施的排水应直接入下水管道。

**（二）用水安全控制**

一般来说，自来水公司的供水是安全的，而屠宰场自备水源水质差异比较大。生产用自来水/自备深水井等水源卫生，由当地的卫生防疫部门每半年检测一次，并定期进行氯化消毒，以降低水中的细菌含量。每月一次对生产用水管道及污水管道进行检查，重点对可能出现问题的交叉连接进行检查；制订供水和排水网络图，各执行部门须对各自辖区内的加工生产用水龙头进行标识编号。水质出现变化后，能够及时查明可能遭受污染的位置，排除污染源。生产中使用到的软管，使用后应盘起挂在架子或墙壁上，管口不许接触地面。

屠宰用水必须符合国家《生活饮用水卫生标准》。应清洁透明，无沉淀、无悬浮，无色、无味；沙门氏菌、大肠杆菌以及其他病原菌的数量必须在国家标准允许的范围内；水中铅、铬、汞等重金属含量不超标。

## 三、屠宰工作人员安全控制

在屠宰过程中工作人员的安全控制，既包括屠宰人员的卫生管理，避免人为因素污染兔肉产品，影响肉品质，又包括人员的卫生防护。屠宰人员直接接触动物、皮毛、血液、肉尸等，很容易感染传染病或寄生虫，引起患病或中毒。禽流感就是最惨痛的教训，所以加强屠宰人员的劳动保护和卫生管理，清楚认识动物传染病对人的传播和危害，减少人畜共患病的传播保证肉品质具有重大意义。

①从事肉类生产加工和管理的人员，必须经体检合格后才可上岗。并且定期进行健康检查，必要时做临时健康检查。凡患有影响食品卫生疾病者，如痢疾、伤寒、病毒性肝炎等消化道传染病（包括病原携带者）；活动性肺结核；化脓性或渗出性皮肤病等，不得从事屠宰和接触肉品的工作。患有感冒等较轻疾病者，必须戴上口罩且严格消毒后才能进入屠宰间，并且暂时不能从事与肉品直接接触的岗位。

②从事肉类生产加工和管理的人员，应保持个人清洁，不得将与生产无关的物品带入车间；工作时不得戴首饰、手表，不得化妆；进入车间时应洗手、消毒并穿戴工作服、帽、鞋，离开车间时换下工作服、帽、鞋集中管理，统一清洗消毒。生产中使用手套作业的，手套应保持完好、清洁并经消毒处理，不得使用纺织纤维手套。

③屠宰过程中严禁窜岗，严禁职工触摸与生产无关的物品，员工如厕时先脱工作服、帽子、雨靴，再上隔离台换专用拖鞋进厕所，出厕所后先换拖鞋，过隔离台后再穿上工作服、帽子、雨靴，并彻底洗手消毒。

④非生产人员非生产人员经获准进入生产车间时，必须按照生产人员的要求穿戴工作服、工作帽、工作鞋，戴口罩。

⑤在屠宰和肉品分割过程中，很容易发生划伤、刺破皮肤的情况，凡受刀伤或有其他外伤的生产人员，应立即采取妥善措施清洗、消毒、包扎防护，并调离直接从事屠宰或接触肉品的工作，防止伤口接触肉品引发感染。特别是从事急宰和无害化处理的岗位。

## 四、屠宰过程安全控制

屠宰过程对肉产品的质量安全有直接影响，也是控制肉品安全最关键的一环。屠宰过程中必须严格按照工艺流程和操作规范执行。

### （一）合理设计屠宰工艺

屠宰工艺设计合理，流水线作业，各项步骤链接流畅。最好根据屠宰步骤将屠宰间再分隔成不同的小车间，仅留吊轨可通过的窗口相通。能够有效防止各步骤间的相互污染。

### （二）屠宰过程中关键点安全控制

①击晕后迅速放血，大多采用切断颈动脉法，放血要充分，不能少于2min。放血刀应消毒后再轮换使用。

②无论手工或机械剥皮，防止污物、皮毛、脏手等污染胴体，禁止采用皮下充气法作为剥皮的辅助措施。

③开膛沿腹白线剖开腹腔和胸腔，切忌划破胃肠、膀胱和胆囊。摘除的脏器不准落地，经卫生检验后可食内脏放入清洁桶，胃、肠等下脚料投入污染桶。清洁桶和污染桶两者保持一定距离，防止污染。

④取出内脏后，应及时用足够压力的净水冲洗胸膛和腹腔，洗净腔内淤血、浮毛、污物。

⑤修割掉所有有碍卫生的组织，如暗伤、脓疤、伤斑、甲状腺病变淋巴结和肾上腺。整修后的兔肉必须进行复验，再次用高压水冲淋干净。

### （三）污水处理

屠宰过程中会用到大量的清水，同时也会产生大量污水，操作台应设计合理的净水口和下水管道。净水管水流充足，有一定压强，下水管下水迅速，不易堵塞。

## 五、分割过程安全控制

胴体在分割成小块的过程中，和外界空气接触的面积增大，受污染的概率也大大增加。因此，该步骤中一定要注意以下安全控制措施。

①分割操作应在封闭式的专用车间中进行，加工前车间要进行彻底清洗、消毒。

②分割用的工作台、推车、容器、刀具等使用不锈钢材质，并沸水蒸煮或冲洗。

③准备分割的原料肉应冲洗干净，清除残毛和血污，修整，除去伤痕、甲状腺、肾上腺等。

④分割加工按照分割标准进行，加工过程中成品、下脚料、原料等不能落地。

⑤分割过程中发现囊虫等病变时，整个胴体必须集中进行无害化处理，不能分割利用。

⑥分割的肉块冷却过程中，均匀摆放，不能堆积。

## 六、包装及贮存运输过程安全控制

### （一）包装

①包装过程应在无菌的操作间中进行，尽量减少污染机会。

②选择安全无毒，无污染，无异味的包装材料，内、外包装材料分别存放，不得有污染。

③包装材料应坚固，完整，尤其带骨兔，容易刺破包装，发现不及时很容易造成产品污染甚至腐败变质。

### （二）贮存

兔肉属于生鲜食品，肉制品保存的质量安全控制关键是对于保存温度的控制，尤其经过包装的肉产品，受外界污染的几概率很小。

①根据冷藏或是冷冻的贮存方式，设定合适的温度范围，保持恒定，定期检查制冷设备的运行情况，定期除霜。

②即使在低温环境中，肉产品中的微生物也会逐渐增多，肉品质也会受影响，要注意贮存时间，防止过期。

③过期、变质或已冻融的肉产品应及时进行无害化处理，一律不准入库。不能与有腥味或异味的物质同库贮存。

**（三）运输**

运输是兔肉从生产到销售的最后一关，这个步骤中的安全控制也决不能忽视。

①符合卫生要求，使用的冷藏车或保温车（船）必须定期严格消毒，保证车厢内干净无污染，卫生应符合《中华人民共和国食品卫生法》及其他相关法律法规的要求。专车专用，不得与对产品发生不良影响的物品混装，更不能和运输活兔的车辆混用。

②运输工具根据产品特点配备防雨、防尘、冷藏和保温等设施，并注意日常维护与保养，定期检查制冷或保温设备的运行情况，避免运输途中发生故障。对于冷却肉，冷藏车的温度应控制在7℃以下，对冷冻肉，冷藏车的温度应控制在－18℃以下。

③运输途中注意保持包装的完整，防止因颠簸或其他原因引起破损而造成污染。

④长途运输时，提前规划运输路线，绕过疫病灾区。

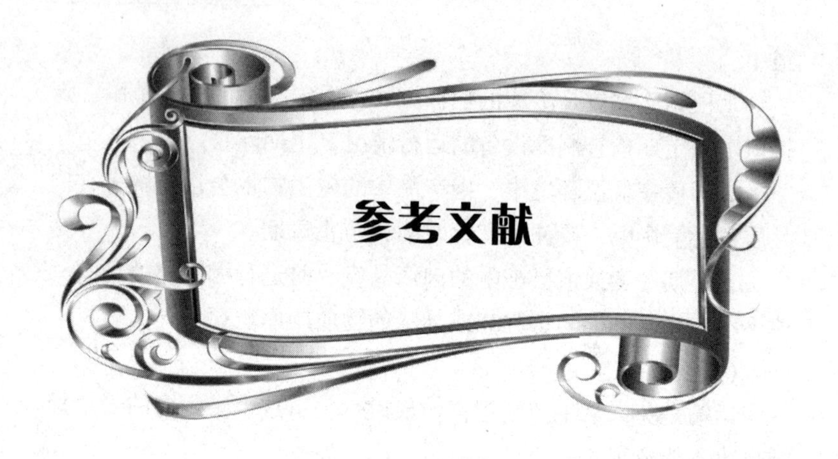


[1] 汪志铮 .2013. 肉兔养殖技术 [M]. 北京：中国农业出版社.

[2] 徐立德，蔡流灵 .2002. 养兔法 [M]. 北京：中国农业出版社.

[3] 吴信生 .2009. 肉兔健康高效养殖 [M]. 北京：金盾出版社.

[4] 赖松家 .2008. 养兔关键技术 [M]. 成都：四川科技出版社.

[5] 钟秀会，姜国均 .2011. 生态养兔 [M]. 北京：中国农业出版社.

[6] 谷子林 .2013. 规模化生态养兔技术 [M]. 北京：中国农业大学出版社.

[7] 谢喜平，江斌 .2014. 肉兔健康养殖技术 [M]. 福州：福建科学技术出版社.

[8] 秦四海 .2006. 规模化养兔场提高肉兔繁殖率的综合措施 [J]. 中国畜牧兽医，2：30 –31.

[9] 张丽萍，武培升 .2013. 提高种兔繁殖力和仔兔成活率的综

合措施［J］. 中国养兔，14：13－14.
［10］宋绍征，葛欣，张利清，等.2013. 家兔超数排卵和胚胎移植妊娠率的影响因素分析［J］. 畜牧与兽医，45（8）：14－18.
［11］满红.2011. 母兔的产前准备与接产护理［J］. 中国养兔，(8)：43－44.
［12］蒋美山，蒲华靖.2011. 国外兔人工授精技术介绍［J］. 四川畜牧兽医，9：41－42.
［13］黄健，邓红，姚焰础，等.2010. 氨基酸水平对种肉兔生产性能的影响研究［J］. 饲料工业，31（19）：51－53.
［14］谷子林，陈赛娟，陈宝江，等.2011. 家兔饲料资源开发与利用研究进展［J］. 中国养兔，(5)：7－12.
［15］吴淑军，李福昌，王雪鹏，等.2012. 日粮能量水平对断奶至3月龄獭兔生长发育［J］. 畜牧兽医学报，43（7）：1071－1078.
［16］李军国，秦玉昌，于庆龙，等.2005. 饲料加工过程安全控制技术研究［J］. 中国饲料，9：34－36.
［17］谢登玉，李福昌.2013. 日粮不同维生素A添加水平对生长肉兔生产性能、免疫、维生素A沉积和脂质过氧化反应的影响［J］. 西南农业学报，5：1338－1342.
［18］朱岩丽，李福昌，王春阳，等.2013. 不同中性洗涤纤维与淀粉比例饲粮对生长肉兔生产性能、盲肠发酵及胃肠道发育的影响［J］. 动物营养学报，25（8）：1791－1798.
［19］曲绍军，于振友，齐吉香，等.2012. 肉兔育肥各期的饲养管理［J］. 黑龙江畜牧兽医，6：119－120.
［20］李丛艳，雷岷，郭志强，等.2012. 浅谈后备肉用种兔的选留及饲养管理技术［J］. 中国养兔，5：40－42.

[21] 陈明生 .2013. 生猪屠宰中病害猪、废弃物、污水的处理及利用 [J]. 中国畜牧兽医，29 (11)：13.

[22] 程文定，郜敏，吴天德，等 .2006. 畜禽粪便等有机废弃物饲料资源化开发应用研究 [J]. 中国畜牧兽医，33 (7)：24－26.

[23] 欧广志，顾晓丽，金丽，等 .2012. 病死畜禽及其产品无害化处理与畜产品安全问题探究 [J]. 中国动物检疫，29 (5)：21－22.

[24] 王志琴，陈静波，王军，等 .2010. 我国畜产品质量安全存在的问题及控制对策 [J]. 草食家畜，6：8－11.

[25] 王宇萍，曹煜，柏凡，等 .2013. 畜禽收购、贩运和屠宰环节的质量安全与监控 [J]. 食品科学技术学报，31 (1)：20－23.

[26] 谷子林，秦应和，任克良 .2013. 中国养兔学 [M]，中国农业出版社.